Weather and Climate Science Lab for Kids

【美】吉姆·努南 著 卡撷 译

给孩子的
气象实验室

52 个适合全家一起玩的气象实验
探索天气、地球系统和气候变化

华东师范大学出版社
· 上海 ·

图书在版编目（CIP）数据

给孩子的气象实验室／（美）吉姆·努南著；卞赟译.
—上海：华东师范大学出版社，2023
（给孩子的实验室系列）
ISBN 978-7-5760-3997-9

Ⅰ.①给… Ⅱ.①吉… ②卞… Ⅲ.①气象学－实验－儿童读物
Ⅳ.①P4.33
中国国家版本馆CIP数据核字（2023）第119310号

上海市版权局著作权合同登记　图字：09-2021-1066号

给孩子的实验室系列

给孩子的气象实验室

著　　者　（美）吉姆·努南
译　　者　卞　赟
责任编辑　沈　岚
审读编辑　潘家琳　胡瑞颖
责任校对　姜　峰　时东明
封面设计　卢晓红
版式设计　宋学宏

出版发行　华东师范大学出版社
社　　址　上海市中山北路3663号　邮编　200062
网　　址　www.ecnupress.com.cn
总　　机　021-60821666　行政传真　021-62572105
客服电话　021-62865537
门市(邮购)电话　021-62869887
地　　址　上海市中山北路3663号华东师范大学校内先锋路口
网　　店　http://hdsdcbs.tmall.com

印 刷 者　上海当纳利印刷有限公司
开　　本　889毫米×1194毫米　1/16
印　　张　9
字　　数　200千字
版　　次　2023年7月第1版
印　　次　2023年7月第1次
书　　号　ISBN 978-7-5760-3997-9
定　　价　65.00元

出 版 人　王　焰

（如发现本版图书有印订质量问题，请寄回本社客服中心调换或电话021-62865537联系）

献词

　　致莫里森、爱迪生、克里斯蒂娜、布兰登和迪兰（Morrison, Edison, Kristina, Brandon, and Dilan）：愿你们生活在一个充满美丽和可能性的更公正的世界里，愿你们被宇宙的奇迹激发出灵感！

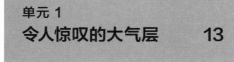

单元 1
令人惊叹的大气层   13

单元 3
云和雨   51

单元 2
太阳的力量   31

单元 4
吹动的风   69

录

前　言

　　当吉姆·努南穿上他的白色实验外套、戴上超大号眼镜，作为"费吉教授"踏进玛莎·斯图尔特秀[①]（The Martha Stewart Show）的片场时，总是让人感到兴奋、有趣、惊奇和富有教育意义。他参与拍摄的每一集节目都令人愉快，我们从中学会了如何制作巨大的水晶雪花、发光的雾泡、由气球驱动的"光盘船"、蛋壳晶洞、"大象牙膏"实验和熔岩灯，他引导我们的想象力奔向无限可能！

　　正是费吉教授作为一名教育家的非凡才能，以及他让人难以置信的幽默感和对新旧科学不可思议的见解，吸引着我们。他从未停止通过有趣的方式来教导孩子，揭开科学的神秘面纱，以通俗易懂的方式解释宇宙中的奇迹。

　　费吉教授的出色之处在于将简单的家用原料，如学校用的胶水和硼砂，转化为神奇而奇妙的东西，如绿色粘液。他以最友好的方式激发我们的想象力、创造力，引发我们的好奇心！

　　现在，费吉教授把这种表演技巧、关于科学和自然的知识以及强烈的好奇心变成了一本致力于了解天气和气候的宏伟著作。这本书是献给他最喜欢的读者的——那些希望从巫师、魔术师那里学习到东西的各个年龄段的孩子。费吉教授就是一位真实存在的魔法师。

　　通过书中52个巧妙的实验，费吉教授希望能让整个家庭寓教于乐，了解非常复杂的（有时是有争议的）

---

　　① 这是由玛莎·斯图尔特主持的一档美国烹饪节目，每集都包含与烹饪、手工艺、园艺、室内设计和其他艺术类型相关的主题。（编者注）

费吉教授向玛莎展示了著名的"瓶子里的鸡蛋"实验。[1]翻到本书第24页去感受一下吧！

费吉教授与玛莎演示如何制作闪闪发光的星座墙。[2]

气候变化、天气模式和气象学，他鼓励我们所有人，无论是儿童还是成人，在这个因全球变暖和气候演变而变得可怕的世界中，拥有思考的能力，并致力于改善这个世界。

　　我的两个孙子，一个九岁，另一个十岁，长期以来一直是费吉教授的粉丝。这本书以令人难以置信且实用的有趣方式，结合大量的实验设计教给了他们知识与技能。

　　　　　　　　　　　玛莎·斯图尔特

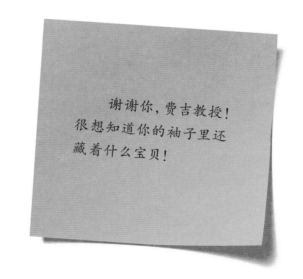

谢谢你，费吉教授！很想知道你的袖子里还藏着什么宝贝！

———————————

①② 照片由罗伯·坦南鲍姆/流域视觉媒体（Rob Tannenbaum/ Watershed Visual Media）提供。

概　述

天气与气候

　　天气和气候不是一回事，但它们是相关的。你必须理解一个才能理解另一个。科学家研究它们，以帮助人们在今天和未来过上更好的生活。

　　天气是在短时间内在大气中发生的事件的组合。温度、气压、湿度和其他要素的变化会使任何一天的天气呈现出多云或晴天、刮风或平静、下雨或下雪的状况。世界上不同地区的天气是不同的，并且在几分钟、几小时、几天和几周内都会有迅速的变化。

　　气候描述了较长时期内和世界特定地区的天气状况。有五个基本气候带：热带、沙漠、温带、大陆和极地。当我们谈论气候时，描述的是基于数月、数年、数十年甚至数百年收集的大量天气数据基础的某个区域的天气状况。

观测天气

　　公元前350年，希腊哲学家亚里士多德（Aristotle）写了一本名为《气象学》（*Meteorology*）的书，该书来自希腊语"meteron"，它的意思是"大气的"。亚里士多德在书中讲述为什么天气会这样或那样，但他的解释大多是不正确的。

　　直到17世纪，科学家才开始测量影响天气的特定因素。发明了测量气压和温度的工具的物理学家是最早的气象学家。他们的早期工作促成了今天使用雷达和超级计算机来完成天气的研究和预测。

　　当你集中注意力并使用所有的感官时，你所观察到的内容会为你提供有关正在发生的天气的数据，它们非常有用。本书中的实验将要求你进行大量的观察、测量和预测，有时会使用特殊工具，有时则不使用。你的能力会不断得到提高，这些实验将会让你成为一名气象学家。

本书纵览

本书分为七个单元，每个单元有7~8个实验，总共有52个实验，适用于所有季节和世界各地。每个单元处理一个重要的天气或气候主题，并通过实验来研究特定的概念和问题。

每个实验都包含你需要的工具和材料的完整清单、作为常识指南的安全提示与注意事项，以及清晰详细的步骤说明。紧随其后的是"奇思妙想"部分，并带有一些"你知道吗？""更进一步"的后续问题，或称为"迷你实验"的附加活动内容。最后，每个实验都以"科学揭秘"结束，对你所做的观察和提出的问题给出了一种易于理解的回答。

书中的一些实验是真实的，你将自己制作设备或装置。在其他实验中，你将通过制作彩色的模型来模拟那些自然界中太危险、太大或太难看到的事物，因为它们只在特定的时间发生在特定的地点。

科学记录

要制作自己的科学记录，请先准备一个笔记本，你可以将所有工作记录在上面，记得要在笔记本封面上写下你的名字。

在开始每个实验之前，请翻到笔记本中的空白页，写下实验的标题、日期以及本书中与此相关的页码。写一段简短的摘要，列出你将使用的实验工具与材料，并记下你的任意问题。留出足够的空间来记录你的观察以及对问题的解答。

当你记录数据时，要详细而准确，例如为测量数值写上单位（可以用缩写表示以节省时间和空间）。可以在笔记本上自由地绘制图表。千万不要抹去你的错误——用一条线把它们划掉即可，以诚实的态度对待整个记录过程。

当你完成后，写下一段你喜欢的或短或长的结论：你觉得整个实验怎么样？你喜欢或不喜欢什么？你遇到了什么问题？你找到解决方案了吗？你如何进一步探索一个概念？可以使用哪些新方法来研究相同的内容？

单元 1
令人惊叹的大气层

大气层是环绕着地球的一层神奇空气层。除了我们呼吸的氧气，大气层还含有氮气、水蒸气以及二氧化碳、甲烷等气体。大气层保护我们免受太阳的危险辐射和外太空的严寒。地球上所有的生命都生存在这个"气泡"中。

大气层有五层。从最低到最高，它们分别是对流层、平流层、中间层、热层和散逸层。

在本单元中，你将首先制作五层大气层的详细模型，并了解每一层的状况。你会发现气体分子和其他粒子是如何使天空看起来很蓝的，并用你的方式在各层中进行研究。

你会了解平流层中臭氧的形成、中间层里燃烧的流星，以及为什么北极光和南极光在热层中发光。

在本单元结尾，你将通过制作简单的装置来展示或测量气压，表现地球的引力是如何使大气层保持原状的，以及这个巨大的空气层是如何以不可思议的力量向下压在地球表面的。

大气层模型

实验工具和材料

- ⊘ 白色、绿色、黄色和多种蓝色的工艺纸
- ⊘ 圆规
- ⊘ 尺子
- ⊘ 剪刀
- ⊘ 世界地图（供参考）
- ⊘ 胶棒
- ⊘ 记号笔、钢笔或铅笔
- ⊘ 贴纸或旧杂志
- ⊘ 手工装饰，例如亮片、星星贴纸、绒球、亮钻或珠子

安全提示与注意事项

- ⊘ 圆规有一个非常锋利的尖端。如果你以前从未使用过，请让成人教你如何使用。
- ⊘ 可以使用一系列玻璃杯、盘子、碗或其他圆形物体，在纸上绘制不同尺寸的圆。

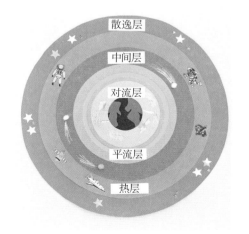

使用简单的工艺材料构建地球大气层的二维模型。

实验用时：45分钟

图5：用亮片和装饰物完成你的模型。

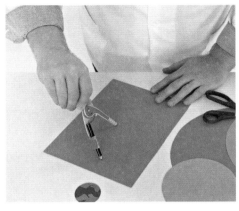

图1： 在蓝色纸上绘制并剪下大小不同的6个蓝色圆。

图2： 以最小的圆作为地球中心，制作一个靶子造型。

图3： 剪下臭氧层并将其添加到你的模型中。

实验步骤

1. 在一张蓝色纸上用圆规画一个直径为5厘米的圆并剪下。参考世界地图，从绿色纸上剪下大陆板块的形状，再用胶棒将它们粘在蓝色的圆纸上，制成地球。

2. 在不同深浅的蓝色纸上绘制并剪下另外5个圆。（图1）

5个圆的尺寸（r为半径，d为直径）：

- r=5厘米，d=10厘米——对流层
- r=7.5厘米，d=15厘米——平流层
- r=10厘米，d=20厘米——中间层
- r=13厘米，d=25厘米——热层
- r=15厘米，d=30厘米——散逸层

3. 使用胶棒将剪下的6张圆纸按从大到小的顺序依次粘在一起，圆心对齐，使最终成品看起来就像一个靶子造型。（图2）

4. 接下来制作臭氧层。用黄色纸剪出一个直径为13厘米（或半径为6厘米）的圆。然后，小心地从其圆周上切下6毫米宽的条带，制成一个窄环。使用胶棒将其连接到之前制成的6层模型上，压在平流层的中间位置。（图3）

（接下页）

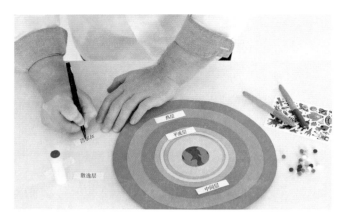

图4：为每一层添加手写的小标签。

5. 在白纸上剪下5个小方块，在每张方块白纸上写下其中一个大气层的名称（参考步骤2中的内容）。用胶棒将这些标签粘贴到模型里相应的图层上。（图4）

6. 参考"科学揭秘"中的信息，翻阅你的旧杂志，找到大气层的每一层中存在的事物图案。把它们剪下来，用胶棒粘贴到相应的圈层上。

7. 最后，给模型上极光和流星的尾巴添加亮片，用彩色绒球当作陨石，并在外层的散逸层空间添加亮钻和星星装饰。（图5）

 奇思妙想：更进一步

■ 什么是大气层的"停顿"（pauses）？（提示：停顿是层与层之间的边界，共有4个。）查找它们的名称并在模型上的相应位置做出标记。

■ 对大气层进行更多研究：每一层距离地球表面有多远？每层的温度范围和化学成分是什么？你还知道什么？

 科学揭秘

以下是有关大气层五层中每一层的更多信息，可以帮助你建立模型。

对流层

■ 这是我们生活的"低层"大气。

■ 大多数云和天气现象发生在这里。

平流层

■ 喷射气流在这里流动。

■ 商用喷气式飞机在其下部飞行，因为那里的湍流较少。

中间层

■ 这里的气体会燃烧流星和其他空间碎片。

■ 位于大气层真正中间的一部分。

热层

■ 北极光和南极光出现在这里。

■ 卫星和国际空间站在这里运行。

散逸层

■ 这个最外层就像外太空。

■ 这里的空气非常稀薄，并逐渐"泄漏"到太空中。

极光软泥

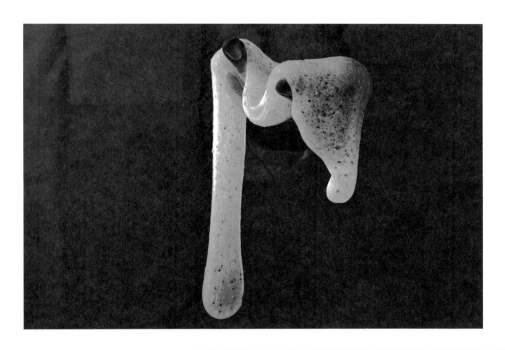

图5: 你的软泥会伸展开来，从指缝间渗出并发光!

源于极光的灵感启发，制作一种能在黑暗里发光的物质吧。

实验用时：45分钟

实验工具和材料

- 黄色荧光笔
- 钳子
- 3个碗或容器
- 量杯
- 热水
- 防护手套
- 量匙
- 118毫升透明胶水
- 5克硼砂（可选择含硼砂的洗衣粉）
- 2个搅拌勺
- 多种亮粉（如精致的彩虹色，厚实的蓝色、银色和金色）
- 黑暗的环境

安全提示与注意事项

- 让成人帮忙用钳子打开荧光笔，这需要点力气。
- 用报纸保护你的工作台面，或在厨房水槽附近做这个实验，以便于清理。

（接下页）

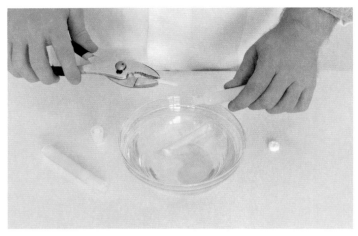

图1：用荧光笔墨水（笔芯）使水"发光"。

图2：为我们的化学反应制作两种不同的方案。

实验步骤

1. 让成人帮忙用钳子撬开荧光笔的底部并摇出毛毡墨盒，然后取下盖子，用钳子夹住毡尖拉出。将墨盒和吸头放入装有2杯（约473毫升）热水的碗或容器中。静置混合物，直到水完全冷却。（图1）

2. 当大部分墨水溶解在水中后，戴上手套并用手指挤压毛毡片，挤出最后一滴墨水。然后，丢弃毛毡。

3. 在两个单独的碗或容器中制备两种不同的反应溶液：

   ■ 混合物1号 = $\frac{1}{3}$ 杯（约79毫升）荧光笔水 + $\frac{1}{2}$ 杯（约118毫升）胶水

   ■ 混合物2号 = $\frac{3}{4}$ 杯（约177毫升）荧光笔水 + 2匙（约5克）硼砂

   使用不同的勺子搅拌每种混合物，确保混合物中的成分充分混合和溶解。（图2）

4. 在搅拌的同时，将混合物2号倒入混合物1号中。尽量不要让任何未溶解的硼砂晶体进入黏液中。将所有形成斑点的黏液收集起来，然后倒出碗中剩余的多余液体。（图3）

5. 在碗中分别加入1匙不同颜色的亮粉。像揉搓面团一样揉搓黏液，直到它变得光滑柔韧，一切都融合在一起。（图4）

6. 和你的极光软泥一起玩耍吧！将它慢慢拉伸或快速拉扯，让它从你的指缝间渗出。关掉灯，在黑暗的环境里看它发光！（图5）

图3：将两种溶液混合制成一个大团黏液（软泥）。

图4：添加闪粉，让你的黏液（软泥）闪闪发光，不断揉捏直至其光滑柔韧。

奇思妙想：流星迷你实验

尽管你必须靠近北极或南极才能看到极光，但无论你身在何处，都可以在天空中看到灯光秀。例如，当流星从中间层坠落时，它会在高达1650℃的温度下燃烧，形成明亮的光线。花一些时间去观察夜空吧。如果你住在城市里，尽量去光污染少的地方观察。

- 你能看到多少颗流星？

- 它们在天空中的什么位置？

- 它们的尾巴有多长，有多亮？

- 你能看到多少种不同颜色的光？

科学揭秘

当太阳发射的带电粒子流（"太阳风"）与地球磁场相互作用时，太阳风使得热层中的气体粒子发生电离（使它们的电子发生松动），进而产生一种称为等离子体的物质状态，它会形成不同颜色的光带。（图6）

氨苯是一种常见于黄色荧光笔墨水中的染料，可以吸收黑光中的紫外线（UV）并发出可见光。它不会发生电离，但就像热层中的气体一样，墨水吸收了一种辐射并散发出另一种辐射。

图6：令人惊叹的北极光奇观。

为什么天空是蓝色的

图4：从容器的短边一侧看，光束看起来像落下时的太阳。

观察透过牛奶和水的混合物的照射光线，解答为什么天空是蓝色的，为什么日落时是橙色和红色等问题。

实验用时：15分钟

实验工具和材料

⊙ 大的透明玻璃或塑料材质的方形容器（约41厘米×20厘米×25厘米）

⊙ 水

⊙ 手电筒

⊙ 白纸

⊙ 牛奶

⊙ 搅拌勺

安全提示与注意事项

⊙ 在一个房间里做这个实验，你可以关掉灯，让环境变得很暗。

⊙ 手电筒要能发出强烈的、聚焦的白光。

⊙ 如果你没有液态奶，也可以用奶粉，确保它完全溶解在水中。

⊙ 请一位朋友帮忙，这样你们可以一人拿着手电筒，另一个人观察光线。

实验步骤

1. 将容器装上四分之三的水，然后关灯。将手电筒从容器的长边一侧照射到位于另一侧的白纸上。出现在纸上的光是什么颜色的？容器中的水是什么颜色的？

2. 现在，将手电筒移到容器的短边一侧进行照射。你从长边一侧观察到什么？从短边一侧进行观察时，看到的光束是什么样的？（图1）

3. 打开灯。将1~2匙（约15~30毫升）牛奶加入容器内的水中，用搅拌勺搅拌至水稍微混浊。（图2）

4. 关掉灯，用手电筒照到容器的短边一侧。此时容器里的液体是什么颜色的？从长边一侧看，光束是什么颜色的？照射的光束会随着容器的长度而发生变化吗？（图3）

图1：将手电筒的光穿过装有水的容器。

图2：将牛奶和水混合在一起以模拟天空。

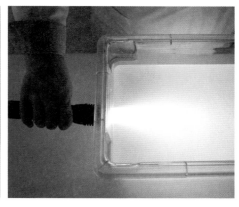

图3：距离手电筒最近的光束呈现蓝色。

5. 如果你举起一张白纸，透过容器照射到纸上的光是什么颜色的？从容器的短边一侧进行观察时，光束现在看起来像什么？（图4）

 奇思妙想： 偏振迷你实验

■ 戴上一副偏光太阳镜①，再次做实验，射出光束的外观有何不同？

■ 取下太阳镜的一个镜片，放在手电筒和容器之间。当小伙伴从容器顶部查看光束时转动镜头，你从容器侧面进行查看。你观察到了什么？

———————

① 偏光太阳镜的镜片中间有一层偏光膜，能够阻挡某一方向的光线，从而达到防眩光的效果。（编者注）

 科学揭秘

可见光包含不同波长的波。紫色和蓝色波长较短，而橙色和红色波长较长。阳光包含所有颜色，但不是均等的混合——它由更多的橙色和红色光组成，并且含有的蓝光比紫光多。

当太阳光线与大气中的气体分子碰撞时，它们会向许多不同的方向散射。较短波长的光散射最多。因为阳光中的蓝光比紫光多，并且我们的眼睛对蓝光更敏感，所以天空呈现蓝色。

当你看到太阳升起或落下时，它比在你头顶上时（中午）离你更远，光线必须通过更多的大气层传播更远的距离才能到达你的眼睛。这时波长较短的光会被散射而留下波长较长的黄色、橙色和红色。同样的事情也适用于溶解在水中的牛奶蛋白。

佩戴偏光太阳镜会过滤掉所有不在镜片垂直平面内振动的光线，这使得光束看起来更清晰、更亮。在手电筒前面放置一个透镜会使光束发生偏振。当它垂直偏振时，位于侧面的观察者会看到明亮的光束，而位于上方的观察者会看到昏暗的光束。当镜头转动90度时，则会出现相反的情况。

模拟臭氧的形成

实验工具和材料

⊙ 牙签
⊙ 口香糖、小熊软糖或其他软糖

安全提示与注意事项

⊙ 选择两种不同颜色的软糖作为氧原子和氮原子。
⊙ 用牙签模拟分子键并代表原子之间共享的一对电子。

图1： 制造一堆氧分子模型。用双键（牙签）连接原子（软糖）。

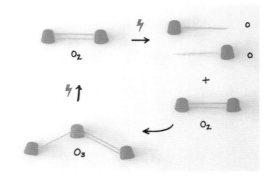

使用软糖和牙签来模拟平流层和地面附近的臭氧是如何形成的。

实验用时：30分钟

图2： 模拟氧—臭氧的循环过程。

实验步骤

1. 制造大气中存在着的氧分子（O_2）模型，每个氧分子模型需要2个当作氧原子的软糖和2根牙签。（图1）

2. 模拟臭氧是如何在平流层中形成的。像紫外线辐射一样，将你制造的氧分子分成两块软糖，每块软糖里都插着一根牙签。然后，将其中一个与另一个完整的氧分子（O_2）结合形成臭氧分子（O_3）。（图2）

3. 制造二氧化氮分子（NO_2），这种分子存在于燃烧化石燃料的废气中。你需要2个氧原子、1个氮原子和3根牙签。（图3）

4. 现在，模拟臭氧（O_3）是如何在离地面更近的地方形成的。像紫外线辐射一样，用一根牙签从二氧化氮（NO_2）中分离出1个氧原子（O），留下双键一氧化氮（NO）。

5. 与步骤2一样，将单个氧原子（O）与1个完整的氧分子（O_2）结合形成臭氧分子（O_3）。（图4）

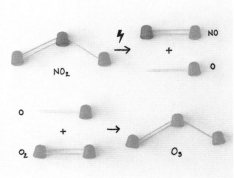

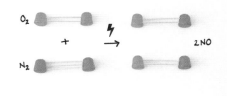

图3：按一定角度将2个氧原子与1个氮原子连接。

图4：从二氧化氮（NO_2）中分离出1个氧原子（O），并将其与氧分子（O_2）结合形成臭氧（O_3）。

图5：闪电将空气中的氮分子（N_2）和氧分子（O_2）分裂成单个原子，这些原子重新组合成一氧化氮（NO）。

6. 制造大气中的氮分子（N_2）。每个氮分子需要2个当作氮原子的软糖和3根牙签。

7. 分解1个氮分子和1个氧分子，并将它们重新配置为一氧化氮（NO），以模拟闪电的热量影响臭氧形成的过程。（图5）

8. 2个一氧化氮分子（NO）与另一个氧分子（O_2）反应形成2个二氧化氮分子（NO_2）。

9. 最后，再次像紫外线辐射一样，将二氧化氮（NO_2）分解成一氧化氮（NO）和1个自由氧原子（O），该氧原子现在可以与氧分子（O_2）结合形成臭氧（O_3）。

奇思妙想： 你知道吗？

20世纪80年代，科学家发现人造化学物质氯氟烃（CFCs）会导致臭氧层变薄或形成"空洞"。当暴露在紫外线下时，这些氯氟烃会释放出带电的氯原子（Cl），从而破坏臭氧。

这一发现促成了1987年的《蒙特利尔议定书》，该议定书禁止许多消耗臭氧层的物质。目前臭氧层空洞正在缓慢恢复。科学家预计臭氧层将在2050年至2070年间恢复到1980年之前的水平。

科学揭秘

在平流层中，来自太阳的紫外线将氧分子分解成单独的氧原子的过程被称为光解。这些氧原子迅速与附近的氧分子反应生成臭氧。

然后，更多的紫外线会破坏臭氧的第三个氧原子，该原子会迅速与另一个氧分子反应，在一个被称为相互转换的过程中再次形成臭氧。这种连续反应会产生热量，从而赋予平流层独特的温度特性。

瓶子里的鸡蛋

在厨房里上一堂有趣而轻松的气压课。

实验用时：15分钟

实验工具和材料

- 玻璃奶瓶或类似容器，开口略小于鸡蛋的直径
- 植物油
- 撕成小块的报纸
- 火柴或打火机
- 去壳的煮熟的鸡蛋

安全提示与注意事项

- 这个实验要用火。只有成人才能操作火柴或打火机。
- 将你的实验设备放在通风良好的区域内，并确保在必要时有办法灭火。

图3：气压的差异迫使鸡蛋进入瓶子。

实验步骤

1. 用手指在瓶口的顶部和内缘涂抹少量植物油。（图1）

2. 让成人用火柴或打火机点燃一小块报纸，然后将其放入瓶中。（图2）

3. 立即将鸡蛋放在瓶口上，尖端朝下。密切关注：你注意到瓶口和鸡蛋之间发生了什么吗？当瓶内的火焰熄灭时，发生了什么？为什么？（图3）

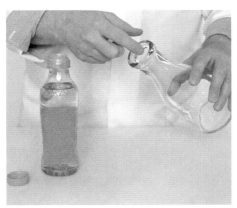
图1： 用植物油为鸡蛋提供一点润滑。

图2： 点燃报纸时要格外小心。

图4： 可以用吸管和你的呼吸把鸡蛋从瓶子里取出来。

奇思妙想：更进一步

你将如何逆转实验，从瓶中取出鸡蛋呢？

提示：

用手指压扁吸管，从瓶口伸入瓶内，然后倾斜一个角度，将吸管插进鸡蛋和瓶壁之间，确保鸡蛋以下部分是密封状态。用足够的力气将空气吹进吸管，将鸡蛋从瓶内推出。如果你能保持鸡蛋被完整推出的话，加分！（图4）

科学揭秘

地球巨大的引力使大气层保持在原位。所有这些空气都很重，它以每6.5平方厘米近7千克的力（也称为1个大气压）向下推表面上的所有东西。但是我们感觉不到这种压力，因为空气均匀地向各个方向推动着一切。

当你将一张点燃的报纸放入瓶子中并用鸡蛋盖住瓶口时，瓶子中的空气会升温、膨胀，从而增加其压力。瓶内的空气被挤出来，使鸡蛋在瓶口处跳动。

当火焰耗尽瓶内所有氧气或所有纸张时，它就会熄灭。此时，鸡蛋正封住瓶口，瓶内的空气逐渐冷却和收缩，降低了瓶内的压力并创造出一个"真空"状态。于是，外部较高的（大气）压力推动鸡蛋进入瓶子。

笛 卡 尔 沉 浮 子

实验工具和材料

- ◎ 透明的塑料瓶（事先进行清空及清洁）
- ◎ 温肥皂水或解胶剂
- ◎ 漏斗
- ◎ 水
- ◎ 玻璃滴管
- ◎ 水杯

安全提示与注意事项

- ◎ 1升容量的塑料瓶非常适合这个实验，但也可以使用你手头上任意大小的瓶子——容量可以更小，也可以更大。

研究一个用塑料瓶制成的简单玩具内的压力和浮力。

实验用时：15分钟

图4：挤压瓶子，使瓶内的滴管下潜。

实验步骤

1. 将瓶子浸泡在温肥皂水中，或使用解胶剂去除瓶身上的标签和黏性残留物。彻底清洗和冲洗瓶子。再使用漏斗将其装满水。（图1）

2. 将水杯装上四分之三的水。挤压滴管上的橡胶头，垂直地插入水杯中，松开橡胶头，让滴管吸满水，同时以玻璃直立的状态漂浮在水中。这就是"浮沉子"①。（图2）

3. 将"浮沉子"从水杯中取出，从塑料瓶的瓶口插入，瓶中会有一些水溢出，但

_____
① 浮沉子装置最初由法国科学家笛卡尔（Descartes）创造。（编者注）

图1： 清洁1升容量的瓶子，并装水。

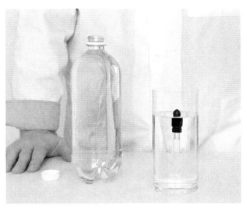

图2： "浮沉子"应该漂浮在水杯内的水中。

图3： 将"浮沉子"放入瓶中并拧上盖子。

只要瓶中水仍是满的就可以了。为瓶子盖上盖子并拧紧。（图3）

4. 用拇指和其余手指用力挤压瓶子的两侧。瓶中的"浮沉子"怎么了？松开对瓶子侧面的挤压，现在会发生什么？你能把瓶子挤到足以让"潜水员"漂浮在瓶子的中间位置吗？（图4）

奇思妙想：更进一步

试着用一包小包装的番茄酱、芥末酱或酱油来代替"浮沉子"。（当然先要确保它在水中是浮动状态的）看看调料包与原始"浮沉子"放入瓶中后有何不同？是否会发生同样的事情？为什么？

科学揭秘

实验中的"浮沉子"现象反映的是阿基米德原理——浮力的物理定律，说的是浸在液体里的物体受到竖直向上的浮力作用，浮力的大小等于该物体排开的液体的重量。

手指在瓶身上施加的力量会将"浮沉子"的橡胶头挤压至更小。瓶内水流为了平衡瓶内体积变化，让"浮沉子"的重量比它排开的水重，因此就会下沉。当你释放施加于瓶身的压力时，瓶内空气会膨胀并将水推出滴管，这使得"浮沉子"受到的浮力更大，因此向上漂浮。

当调味品包装在制造过程中被密封时，一个小气泡可能会被困在里面。挤压瓶子就会压缩放入瓶中的小包装内的气泡。这使得调味品包装变得更小，这意味着它排出了更少的水。调料品包下沉是因为它的重量现在大于它排开的水的重量。

自制晴雨表

实验工具和材料

- 乳胶气球
- 剪刀
- 玻璃罐
- 橡皮筋
- 2个塑料吸管
- 强力快干胶
- 磁带
- 一小片卡纸或一块薄纸板
- 尺子
- 记号笔、钢笔或铅笔

安全提示与注意事项

- 一定要使用从未吹过的气球，这样可以将乳胶皮拉紧。
- 拉伸乳胶皮时，请朋友或成人帮忙，尽可能保证安全。

使用罐子、气球和吸管制作一个简单的工具，用它来测量大气压力并预测天气。

实验用时：30分钟

图5：指针随着天气和气压的变化而上下移动，指向计量尺上的不同标记。

实验步骤

1. 用剪刀剪掉气球的颈部。

2. 将气球剩余的圆形乳胶皮拉伸并覆盖至玻璃罐的罐口，用两根橡皮筋固定。（图1）

3. 斜剪一根吸管的两端，产生两个尖角。将一个尖角插入第二根吸管的一端。（图2）

4. 用胶水将吸管组合的非尖角一端粘贴至罐口覆盖着的乳胶皮的中心，确保吸管笔直且与罐子成直角。用一块胶带将其固定到位，直到胶水

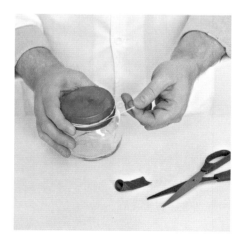

图1：用紧绷的气球乳胶皮和橡皮筋将玻璃罐密封。

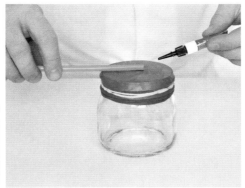

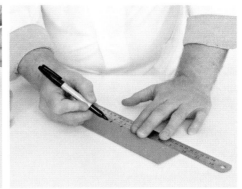

图2：用两根吸管制成一根长且直的指针。　图3：将指针安装在罐子上。　图4：直接使用尺子或自制一个计量尺。

凝固。这就是指针。（图3）

5. 用尺子、记号笔和一张卡纸制作一个计量尺，从短边边缘开始每隔1厘米等距做标记。为每个标记编号，从底部开始。（图4）

6. 将计量尺垂直放在平面上，并将作为气压计的罐子放在它旁边，指针指向计量尺。几天后，记录指针指示的标记。每隔几个小时读取一次并比较数值：它们是增加还是减少了？每次读取时还要注意当时的天气：它是如何变化的？（图5）

 奇思妙想：你知道吗？

1643年，意大利物理学家埃万杰利斯塔·托里切利（Evangelista Torricelli）使用一根一端密封且装满水银的长玻璃管制成了世界上第一个气压计。他小心翼翼地不让任何空气进入玻璃管，把它倒过来放在一碗水银里。在玻璃管内液态金属的上方形成了一段真空，托里切利观察到玻璃管中水银的高度每天都在变化。

 科学揭秘

随着太阳不均匀地加热地球表面，地球周围的大气压力会发生变化，从而导致气团上升和下降。温暖的上升空气会产生低压区域，而凉爽的下降空气会产生高压。

当你用气球的乳胶皮密封罐子时，罐子里被密封进了一定量的空气。外部气压和罐子里的压力是相等的。但是随着天气变化，气压也发生了变化。

好天气时的较高大气压会向下推乳胶皮。由于吸管一端粘在乳胶皮上，吸管会以罐子的瓶口边缘为支点，推动吸管的另一端向上移动。当暴风雨来临时，情况正好相反。由于罐内压力较高，乳胶皮被向上推，从而导致吸管指针向下移动。

单元 2

太阳的力量

对古埃及人来说，太阳是拉神，是光明和生命的使者，是天空、大地和冥界的统治者。每天，当拉神骑着他的战车穿越天空时，太阳都在移动。傍晚，他随着太阳落山而死，落入冥界。每天早晨随着日出，他重生了。

几千年后，我们知道太阳是一颗由核聚变驱动的恒星，它以电磁辐射的形式释放能量。这种能量以光速（299.792公里/秒）前往外太空旅行，并在8.3分钟内到达地球，使地球表面变暖并为我们大气中的天气提供能量。

在本单元中，你将探索太阳能的惊人特性和不可思议的力量。你将在"魔法灯箱"中使用可见光的颜色，并小心翼翼地制作一个用太阳计时的装置。通过有趣且易于制作的装置，你将利用太阳能来烤点心、旋转风车、泡茶和净化水。

在本单元结尾，你将用树叶和工艺纸制作美丽的太阳印花，你将了解植物是如何捕捉阳光来驱动光合作用的，以及如何利用二氧化碳和水来制造食物并将氧气释放到空气中。

魔 术 灯 箱

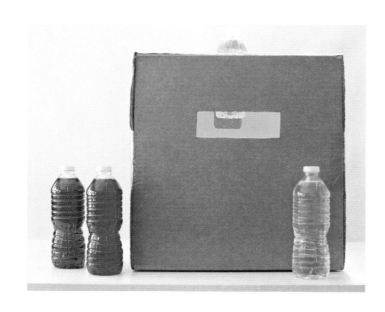

用回收的和家用的材料制成独特的玩具，用它来探索光和颜料的颜色。

实验用时：1.5小时

图5：尝试用不同的彩色水瓶进行组合。

实验工具和材料

- ⊙ 大纸箱（约60厘米×60厘米×90厘米）
- ⊙ 白纸
- ⊙ 透明胶带或胶棒
- ⊙ 封箱胶带
- ⊙ 直尺或卷尺
- ⊙ 铅笔、钢笔或记号笔
- ⊙ 美工刀
- ⊙ 绘图圆规

- ⊙ 6个相同的空塑料瓶（每个容量约为473毫升，清洗干净）
- ⊙ 水
- ⊙ 食用色素（红色、蓝色、绿色和黄色）
- ⊙ 铝箔纸
- ⊙ 2个不透明的塑料杯或其他容器

安全提示与注意事项

- ⊙ 如果你没有绘图圆规，也可以使用圆形物体，例如水杯或小碗。
- ⊙ 这个实验会用锋利的刀切割纸板，这应该由成人来完成。
- ⊙ 如果手头只有更大容量的瓶子，也是可以使用的。
- ⊙ 不透明的塑料杯或其他容器的尺寸应该与你使用的塑料瓶相适宜。

 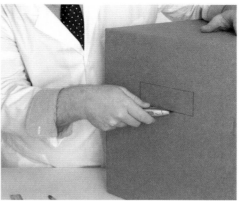 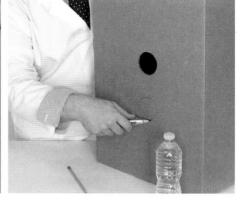

图1：拆开并展平纸箱。用白纸覆盖内表面。 图2：一定要干净地切开纸板和白纸衬里。 图3：切出的两个圆应直径相同且略小于塑料瓶的直径。

实验步骤

1. 小心地将纸箱拆开并展平。使用胶带或胶棒，用白纸将整个内表面覆盖住，可以根据需要重叠粘贴。（图1）

2. 重新组装纸箱并用封箱胶带固定翻盖。转动纸箱，使翻盖面朝向左右方向。

3. 用尺子和铅笔在纸箱正面画一个尺寸为15厘米×5厘米的矩形。让成人用美工刀将其裁切，挖出一个观察框。（图2）

4. 测量塑料瓶的直径。在距离纸箱顶部中心等距的左右两边位置画出或描出两个相同且比直径稍小一些的圆。让成人帮忙剪下这些圆。（图3）

 奇思妙想：更进一步

　　将一对颜色相同的水瓶插入纸箱中。在盒子里放一个与其中一个瓶子颜色相同的物体。观察并记录物体在什么颜色的灯光下出现了什么颜色。试试用红苹果和绿色水瓶，你看到了什么？黄色香蕉在蓝光下看起来是什么颜色的？红光下的绿衬衫又是什么样的？

（接下页）

图4：用铝箔纸盖住纸箱顶部，闪亮的一面向外。

5. 为了将更多的光线聚焦到插入纸箱内的瓶子中，用铝箔纸盖住纸箱顶部，闪亮的一面向外。用胶棒或胶带固定箔纸。记得一定要在铝箔纸上切开顶部的圆形孔。（图4）

6. 将瓶子装满水。其中有2瓶保持原样，然后在剩下的4瓶中分别添加15滴不同颜色的食用色素（红色、蓝色、黄色或绿色）。盖上瓶盖，摇晃混合。

7. 在阳光明媚的日子，把你的纸箱带到户外，把2瓶清水插入纸箱的圆孔中（从瓶子的底部插入）。从观察框查看，描述你看到的图案和颜色。

8. 用彩色水瓶做实验。记录不同的颜色组合并描述你看到的现象。用不透明的杯子或其他容器盖住其中一个瓶子。你观察到光线发生了什么变化？（图5）

科学揭秘

色光三原色分别是红色、蓝色和绿色。当它们成对混合时，原色会产生二次色（间色）：红色+蓝色=紫色，蓝色+绿色=青色，红色+绿色=黄色。当所有原色或所有间色混合，或者当原色与其互补的二次色混合时，产生的光就是白色。（图6）

颜料色则相反。颜料的原色是青色、品红色和黄色（此为精确的颜色说法，一般传统美术领域简单地将红、黄、蓝称为三原色）。真正的黑色是所有颜料颜色的混合，而白色是没有任何颜色。（图7）

颜料色通过将特定颜色的光反射回你的眼睛，同时吸收所有其他光来让你看到某种颜色。当一个物体只暴露在它吸收的波长下时，它就没有光可以反射，因此它看起来是黑色的——就像绿光下的红苹果、蓝光下的黄色香蕉或红光下的绿色衬衫。

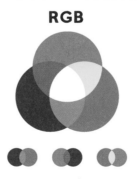

图6：RGB和光的"加色"特性。[1]

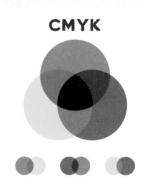

图7：CMYK和颜料的"减色"特性。[2]

---

[1] RGB是红色（Red）、绿色（Green）、蓝色（Blue）三种色光混合而成的色彩模式，通常用于电子屏幕，颜色越叠加越亮，具有"加色"特性。（编者注）

[2] CMYK是青色（Cyan）、品红色（Magemta）、黄色（Yellow）以及黑色（Black）组成的色彩模式，通常用于绘画和印刷，颜色越叠加越暗，具有"减色"特性。（编者注）

用太阳烹饪

用纸板箱和铝箔纸制作太阳能烤箱，用它烹制你最喜欢的食物。

实验用时：2.5小时

图5：小心地取下烤箱的盖子，把铝箔纸盘放在纸箱里面。

实验工具和材料

- 中号纸箱（最好带盖）
- 尺子
- 美工刀
- 铝箔纸
- 黑纸
- 剪刀
- 胶棒
- 保鲜膜
- 胶带
- 棍子、竹签或铅笔
- 黑色石头
- 烤箱温度计
- 烤箱手套或隔热垫
- 一次性铝箔纸盘
- 夹心饼干材料：全麦饼干、巧克力和棉花糖

安全提示与注意事项

- 你需要在一个炎热、阳光明媚、温度27℃以上且风不大的日子里进行此实验。
- 纸箱应该至少有7.5厘米深，并且大到足以装下铝箔纸盘。
- 这个烤箱真的很烫！处理任何组件时请务必小心。
- 由于高温和使用切割工具，需要成人在场进行监护和帮助。

（接下页）

图1: 在盒子的盖子上切出一个小翻盖。

图2: 用铝箔纸和黑纸覆盖烤箱内侧。

图3: 通过小翻盖内侧的铝箔纸，将尽可能多的阳光反射到烤箱中以预热烤箱。

实验步骤

1. 使用尺子和美工刀，在纸箱的盖子上切出一个三边的小翻盖。距离原盖子边2.5厘米。将小翻盖向上翻折。（图1）

2. 用铝箔纸将小翻盖的内侧以及纸箱的内部覆盖住，闪亮的一面向外。将黑纸铺在纸箱底部。根据需要用剪刀修剪铝箔纸和黑纸，并用胶棒加以固定。确保铝箔纸的表面光滑。（图2）

3. 将两片保鲜膜叠在一起，然后将它们从盖子底部粘贴覆盖小翻盖切出的口子。确保保鲜膜拉紧并密封良好。

4. 将五六块黑色石头和烤箱温度计放在纸箱的底部。

5. 将盖子盖在纸箱上，然后放在阳光充足且直射的地方，用棍子或其他坚固物体撑开小翻盖。这个太阳能烤箱要在阳光下放置至少30分钟，在预热时观察箱内的温度变化。看需要多长时间才能达到最热。（图3）

6. 在铝箔纸盘中放入夹心饼干的材料：先放一块全麦饼干，再放一两个棉花糖、一块巧克力，最后再盖上一块全麦饼干。（图4）

7. 小心地取下烤箱的盖子，将铝箔纸盘放在箱内的石头上，然后立即重新盖上盖子。密切关注烤箱内的温度以及夹心饼干的状态。（图5）

8. 大约45分钟后，棉花糖应该变得温热、柔软，巧克力也融化了。现在你可以小心地取出铝箔纸盘，享受用太阳烹饪出的美食！（图6）

图4：将巧克力放在棉花糖上，以便加热后所有材料很好地融合在 图6：这是辛勤工作的甜蜜回报！
一起。

 奇思妙想：更进一步

- 用碎蜡笔填充硅胶模具，然后将它
  们放入这个太阳能烤箱中45分钟。
  这些蜡笔碎屑将融合在一起，变成
  一个五彩缤纷的新蜡笔。记得在使
  用新蜡笔前让它先冷却一个小时。

- 如何让你的烤箱更高效？尝试改变
  它的大小、形状或使用不同的材料
  来包裹纸箱。例如，汽车用的遮阳
  挡板比铝箔纸更亮、更绝缘。

 科学揭秘

太阳能烤箱能够吸收并保持来自太阳的热量。阳光照射到反光片（覆盖了铝箔纸的小翻盖）上并被反射到烤箱里。黑色的纸和黑色的石头吸收了光并将其转化为热量。

包裹起来的保鲜膜就像温室的屋顶一样，可以为烤箱保留热量，而铝箔纸和纸板则起到了绝缘效果。石头加热缓慢，但比空气、纸板、纸或铝箔纸能更长时间地保留热量，从而保持温度稳定以延长加热时间。

在理想条件下，太阳能烤箱的温度可以达到71℃～93℃。在27℃或更高温度的炎热、阳光明媚的下午，在预热的太阳能烤箱中需要30～60分钟来让棉花糖变软，让巧克力融化。

日晷

实验工具和材料

- 纸质或塑料材质的盘子
- 吸管
- 小黏土球
- 胶水或胶带
- 量角器
- 石头或有分量的纸
- 指南针
- 手表或时钟（带有计时器或闹钟功能）
- 永久性细头记号笔
- 尺子

安全提示与注意事项

- 在晴朗、阳光明媚的日子里，到户外做这个实验。给自己一整天的时间——从太阳升起的清晨开始，一直到日落。
- 你可以使用竹签、铅笔、棍子或其他任意长且直的东西来代替吸管。
- 让成人教你如何用指南针找北或南——这需要一些练习。
- 使用日晷时，切勿直视太阳！

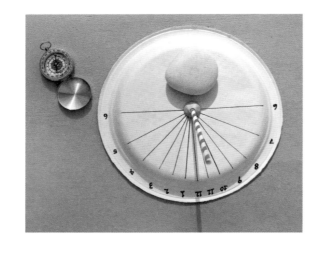

使用盘子和吸管，你可以自制一个用太阳计时的简单的工具。

实验用时：1天

图4：测试日晷的准确性。

实验步骤

1. 将盘子翻转过来，底部朝上。用一些胶水或一条胶带将小黏土球粘在盘子的中心位置。将吸管以距离平面75度～80度角度插入黏土球中，作为晷针。（图1）

2. 把这个自制日晷带到户外，放在平坦、水平的表面上晒太阳，注意要远离任何阴影。如果你住在北半球，把晷针指向北方；如果你住在南半球，则将晷针指向南方。使用指南针来确定方向。

3. 将石头或有分量的纸放在盘子上，与晷针的方向相反，以此来稳固日晷。

4. 每隔1小时，在整点时间观察晷针的影子。你可以提前设置计时器或闹钟，这样你就不会错过时间了。用记号笔和尺子画一条线，观察晷针的影子位置，用记号笔和尺子在盘子上画出来，并记下当时的时间。（图2）

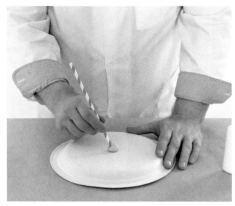

图1：晷针是日晷上的一个部件，就是用它的影子来显示时间。

图2：每隔1小时观察一次晷针的影子位置并画一条线。

图3：这些线条应该看起来像自行车车轮的辐条。

5. 记录下一整天的晷针影子线和时间，把你的日晷拿回家。（图3）

6. 第二天，将你的日晷带至户外，把它放在与前一天相同的地方，让晷针指向和以前一样的方向。在一天中观察晷针影子的位置，并将晷针影子与盘子上的线条重合的实际时间与线条对应的标记时间进行比较。看看你的日晷有多准确。（图4）

奇思妙想：真人大小的日晷迷你实验

准备一些粉笔，和朋友找一处开阔、平坦的混凝土或沥青表面，例如操场或运动场。（为了安全起见，请不要在街上或人行道上这样做。）站在场地中间，让你的朋友根据你的影子的位置在地上画线。一个小时后，站在同一个位置，让你的朋友再次根据你的影子的位置在地上画线。至少这样做3遍。观察你的影子，有什么发现？

科学揭秘

在白天的任意时候，太阳光都只照射到地球表面的一半。当你看到太阳从东方升起时，你所处的区域就位于阳光照射到的地球区域的最边缘，同时物体（例如晷针）会向西方向投下阴影。

随着地球按递时针方向自转，日晷上的晷针影子则顺时针移动。中午时分，太阳位于天空的最高点。如果有影子，它们会指向北方。随着太阳向西移动，晷针的影子继续向东移动。

太阳能烟囱

实验工具和材料

- 3个大铝罐
- 安全开罐器
- 胶带（最好是绝缘胶带）
- 大回形针或1根电线
- 图钉或珠针
- 白纸（尺寸为15厘米×15厘米）
- 尺子
- 剪刀
- 胶棒或透明胶带
- 两本相同厚度的书，3.5~5厘米厚

安全提示与注意事项

- 咖啡罐或大豆罐非常适合本实验。
- 绝缘胶带因其柔韧性和黏性，在本实验中使用的效果最佳，但也可以使用手头上有的任意胶带。
- 如果没有安全开罐器，请用胶带包住罐头的切边，避免划伤。

用回收的罐头和胶带制作太阳能烟囱。

实验用时：45分钟

图5：当纸风车旋转时，你的太阳能烟囱就在工作了。

实验步骤

1. 使用开罐器取下每个罐头的顶盖和底盖。确保每个罐子是干净且干燥的，然后将它们粘在一起，组成一个长圆柱体。（图1）

2. 将回形针或电线弯曲成拱形。把它的两头粘贴固定在罐头圆柱的顶部两侧。

图1：用罐头和胶带制作一个长圆柱体。

3. 将图钉粘贴在拱形回形针或电线的中心位置，尖头朝上。（图2）

4. 用白纸做一个风车。先沿两条对角线折叠正方形，沿折痕在每个角上切出一个长7.5厘米的狭缝，然后将每个角的右侧弯曲到中心位置，不要压或压平折痕。用透明胶带或胶棒固定尖角。（图3）

图2：用回形针和图钉做一个尖拱。把所有的部件都固定好。 图3：用白纸制作风车。

图4：放置好你的太阳能烟囱并小心地在尖端上放纸风车。

5. 将书放在一个光照充足的平面上，两本书之间有5厘米的距离。将罐头圆柱体放在两本书上，让大部分的底部开口位于两本书之间。将纸风车平衡地顶在罐头圆柱体拱门的图钉的尖端，有胶带或胶粘的一面向下。（图4）

6. 15~20分钟后观察风车：你注意到了什么？为什么会这样？圆柱体内发生了什么？（图5）

💡 **奇思妙想：更进一步**

- 如果你把太阳能烟囱直接放在平面上，底下不放书，会发生什么？上面顶着的风车还会转吗？

- 尝试用黑色颜料涂抹太阳能烟囱。这会产生什么影响？为什么？

- 如果改变纸风车的尺寸，会发生什么？太阳的温度或强度会如何影响纸风车转动的速度？

科学揭秘

在节能的建筑中，太阳能烟囱用于"被动"加热和冷却。它们没有移动部件，完全依靠太阳的能量来工作。

就像你制作的太阳能烟囱一样，它们通常由黑色和（或）金属材料制成，可以吸收阳光并传递热量，从而确保将最大量的能量转移到内部的空气柱中。

如果太阳能烟囱顶部的通风口关闭，较冷的空气从房间被拉回烟囱进行加热，暖空气则被强行拉入房间。因此，为了冷却内部空间，通风口需保持打开状态，以便加热的空气可以向上散出，并通过建筑物另一侧的通风口吸入凉爽、新鲜的空气。

同样的原理，太阳加热着你自制的太阳能烟囱和里面的空气，导致空气膨胀，变得不那么密集，然后从圆柱的顶部升起，使纸风车旋转起来。两本书之间的开放空间能让圆柱体的底部吸入更多的空气，从而保持气流上升。

实验12

做一壶太阳茶

实验工具和材料

- ⊙ 带有紧密盖子的大玻璃容器
- ⊙ 清水（瓶装水或蒸馏水）
- ⊙ 红茶（袋装或散装皆可）
- ⊙ 甜味剂（可选）
- ⊙ 切片的柑橘类水果，例如柠檬、青橙或黄橙（可选）

安全提示与注意事项

- ⊙ 太阳茶制成后必须立即冷藏。在冲泡它的当天饮用，若喝不完，要倒掉所有剩余部分。
- ⊙ 如果你做的茶浓稠或呈糖浆状，或者有难闻的气味，请勿饮用。
- ⊙ 你可以用简单的糖浆、龙舌兰、蜂蜜、甜叶菊或其他任意甜味剂来让（冲泡后的）茶变甜。
- ⊙ 如果想要装饰一下茶，请让成人帮忙用锋利的刀将柑橘切成片。

无需使用炉子，即可制作经典的夏季饮品。

实验用时：4小时

图3： 泡茶后才能加入甜味剂和装饰物，并且要马上冷却。

实验步骤

1. 用温肥皂水彻底清洗玻璃容器。可以使用带龙头的饮料壶，也可以使用一个非常大的玻璃罐，它的盖子要紧密且牢固。

2. 每4.5升水，建议使用6~8个茶包（或6~8汤匙散茶，即12~18克）。建议使用经典红茶或其他任意含咖啡因的茶，因为咖啡因可以成为抵御细菌的第一道防线。

3. 将茶倒入容器中，再倒入常温的瓶装水或蒸馏水。避免使用可能含有有害微生物的自来水或井水。（图1）

4. 将盖子牢固地盖在容器上，再将容器放在阳光下。浸泡茶包或茶叶至少2小时，但不可超过4小时。如有需要，可以使用计时器。如果选择一个阳光明媚、炎热的日子，可以花费更少的时间来泡茶。（图2）

图1： 在一个非常干净的大玻璃容器中混合茶和水。

图2： 茶、水混合物在阳光下放置多长时间决定了最终饮品的口味浓度。

5. 完全浸泡后，取出茶包或滤出散茶。再按照你的意愿，加入糖和柑橘片。立即加冰饮用或冷藏保存。（图3）

6. 享受你的太阳茶吧！可以一边喝着茶一边思考以下问题：在这个实验里是什么力量在起作用？为什么能用太阳泡茶？

 奇思妙想：更进一步

■ 用开水冲泡一些茶包或茶叶，然后用你自制的太阳茶进行口味对比：两种方式下用同种茶包或茶叶冲泡出来的茶水的味道和颜色有什么区别？

■ 用咖啡尝试相同的步骤并进行类似的口味对比。看你还能用太阳酿造出别的什么饮品。

 科学揭秘

像本实验这样酿造时，就是在用太阳能取代传统炉灶的作用。由于容器和起始水温的变化，容器中的混合物受热不均匀，这会导致涡流（对流），使茶叶变得竖直并与水自然混合，因此随着时间的推移，溶液浓度会变得均匀。茶叶中称为单宁的有机化合物使水呈现金棕色，并赋予茶明显的"紧涩"味。

美国疾病控制和预防中心（CDC）建议不要制作太阳茶，因为可能会滋生黏乳产碱杆菌。这种微生物以它在牛奶中引起的增稠或"黏稠"命名，会让你生病。当然，如果你遵循本实验的所有安全提示和说明，应该没问题。

太阳能净水器

实验工具和材料

- ⟩ 大碗
- ⟩ 小碗
- ⟩ 量杯
- ⟩ 水
- ⟩ 量匙
- ⟩ 食盐
- ⟩ 搅拌勺
- ⟩ 保鲜膜
- ⟩ 胶带
- ⟩ 小石子

安全提示与注意事项

- ⟩ 本实验需要的一些额外要素是时间、耐心和阳光。
- ⟩ 你将品尝水以确认净化过程，因此请确保你所有的工具和材料都非常干净且达到食品安全标准。

利用太阳的能量去除水中的杂质。

实验用时：1~2天

图3： 保鲜膜上出现的冷凝水珠表明太阳能净化器正在工作。

实验步骤

1. 量出2杯（约473毫升）水，倒入大碗中。加入1汤匙（约18克）食盐，用搅拌勺搅拌至完全溶解。尝尝水，它应该很咸。

2. 在大碗的中央放一个小碗。确保小碗的边缘低于大碗的边缘，并且咸水不会进入小碗中。（图1）

3. 用保鲜膜松松地包住大碗并用胶带固定。

4. 将小石子放在保鲜膜的中心，拉低保鲜膜。确保小碗的边缘没有接触到保鲜膜。（图2）

5. 将这个净水装置放置在室内阳光充足的地方。让它工作至少几个小时，最多一两天。随着时间的推移，你观察到什么？你是否注意到保鲜膜上形成了冷凝水珠？（图3）

图1：将一个小碗嵌套在一个装了盐水的大碗中。

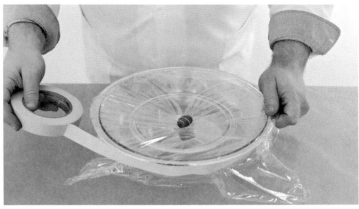

图2：保鲜膜应该包得稍微松一些，这样用小石子可以拉低它。

6. 取下保鲜膜，观察小碗里聚集了多少水。这水和大碗里的水相比，味道如何？

7. 如果你不想品尝净化得到的水，可以使用微波炉或架在炉子上的平底锅，使其快速蒸发，看看是否会留下任何盐分。

奇思妙想：更进一步

- 你还可以尝试使用哪些其他液体或溶液？已溶解在水中的物质是否会影响这水被净化？

- 尝试在水中加入食用色素。这会影响小碗中凝结的水的颜色吗？这水还能被净化吗？

科学揭秘

太阳的能量使大碗中的水蒸发，将其从液体变成气体。当水蒸气上升并与保鲜膜接触时，它会冷却并凝结回液态水滴。它们聚集并顺着保鲜膜中的角度流下，落入小碗中。盐仍然溶解在大碗里的水中。

太阳能蒸馏装置使用了相同的科学原理，只不过它的尺寸更大。在户外用透明塑料或玻璃收集不纯净的水。用阳光让水蒸发，蒸汽被引导通过地下管道。在那里，它凝结在凉爽的内表面上，滴落进收集容器中，最后将其取出使用。这个过程能够留下杂质并去除微生物，从而收集到纯净的蒸馏饮用水。

用太阳来打印

实验工具和材料

- ◇ 硬纸板
- ◇ 美工刀
- ◇ 蓝色或其他深色的彩纸
- ◇ 树叶
- ◇ 透明塑料片（如文件袋）
- ◇ 相框（尺寸为20厘米×25厘米，或更大）
- ◇ 剪刀

安全提示与注意事项

- ◇ 本实验需要花费几天时间，需要一个不受干扰且阳光充足的地方。
- ◇ 可以从单张活页资料袋裁剪出大一些的塑料片，使用剪刀剪掉文件袋的底部和打孔的侧面，然后展开并压平。

仅使用树叶、纸和太阳来创作华丽的艺术作品。

实验用时：2~3天

图4：装裱起来，并自豪地展示你创作的自然艺术品。

实验步骤

1. 在硬纸板上铺一张彩纸，让成人帮忙用美工刀将硬纸板切割成合适的尺寸。（图1）

2. 收集具有有趣形状或由许多较小叶子组成的叶枝，把它们放在彩纸上。（图2）

3. 将塑料片压在叶子上。从相框上取下玻璃片、背板和任何插入物，将它们放在一边。将空的相框压在塑料片上。（图3）

4. 将这个装置放置在阳光充足的地方24~48小时（甚至更长时间）。每天检查几次，但要小心不要移动它。你注意到彩纸有什么变化吗？

5. 几天后，取下相框、塑料片和叶子，露出彩纸。纸张上会出现叶子和相框的较暗轮廓。

图1：准备好彩纸和硬纸板。

图2：最好使用具有独特形状和大量细节的叶子。

图3：透明塑料片能让阳光透过。用相框将所有东西的位置加以固定。

6. 重新组装相框，按照相框大小修剪印花彩纸。为了获得更醒目的效果，可以将你的印花彩纸装在较大的相框中以突显较暗的轮廓。（图4）

奇思妙想：你知道吗？

除了像波一样行动，光还可以像粒子一样行动。1905年，阿尔伯特·爱因斯坦（Albert Einstein）提出光束是光子"波包"的集合。在量子力学中，最小的单元——量子——被描述为具有"波粒二象性"。光子（光的量子）是光的最基本能量单元。

科学揭秘

当暴露在阳光下时，彩纸会通过被称为光降解的过程褪色——通常在氧气和（或）水蒸气存在的情况下，用光分解物质。

当色素分子吸收光子时，它会将电子激发到更高的能量状态。在大多数情况下，这种能量以热量的形式释放，但有时它会破坏化学键，或引起与另一个分子（或两者）的反应，这会改变分子的结构、吸收和反射特性，并最终改变其颜色。

紫外线辐射比可见光具有更大的能量，更有可能降解色素分子。因此，对于户外标志和横幅，常会采用防紫外线涂料以延长染料的使用寿命。

了解光合作用

实验工具和材料

- 绿叶
- 异丙醇（某些外用消毒酒精含有此成分）
- 矮玻璃杯或烧杯
- 保鲜膜
- 玻璃碗或浅盘
- 水
- 咖啡滤纸
- 剪刀
- 铅笔
- 胶带

安全提示与注意事项

- 为获得最佳实验效果，请选择使用在秋天能变成鲜艳颜色的树叶，例如枫叶或白杨树叶。
- 为安全起见，请在成人的帮助下使用外用消毒酒精。

图3：咖啡滤纸上出现不同颜色。

实验用时：1~2天

实验步骤

1. 把绿叶撕成小块，或用研钵和研杵将它们捣碎。将叶子物质放入玻璃杯或烧杯中，加入足够的异丙醇将其浸没。用保鲜膜盖住玻璃杯以防止其蒸发。

2. 将热水倒进碗中，没过底部。将玻璃杯放入碗中，每15分钟旋转一次，持续约1小时。然后将它静置一段时间（例如过一夜），直到杯中溶液变成鲜绿色。（图1）

3. 将咖啡滤纸压平，剪成2.5厘米长的条。将长条的一头粘在铅笔上，然后将铅笔架在玻璃杯上，使长条的末端刚好接触到玻璃杯内溶液的表面。可以根据需要转动铅笔以缩短条带的长度。（图2）

图1：在热水中旋转玻璃杯，加热杯中的混合物。

图2：滤纸应该刚好接触到玻璃杯内溶液的表面。

图4：随着光合作用的继续，绿叶表面会形成微小的氧气气泡。

4. 大约30分钟后，观察滤纸上形成的色带。除了绿色，你能看到其他颜色吗？60分钟后，你观察到什么？90分钟后呢？（图3）

奇思妙想：实时光合作用迷你实验

选择一大片绿叶，用小石子将其浸入一碗常温水中。将碗放在阳光直射下约1小时。你观察到什么？（图4）

科学揭秘

绿色植物利用阳光以二氧化碳和水制造养分，这个过程被称为光合作用。绿色叶绿素利用蓝色和红色波长的能量，将电子从水中转移到二氧化碳，以产生碳水化合物——例如葡萄糖，来供养植物（和我们）。同时释放出可用于呼吸的副产品——氧气。（图5）

在这个实验中，我们使用外用消毒酒精从叶子细胞中提取色素。由于叶子中含有叶绿素，得到的溶液是绿色的，但也存在着其他色素。咖啡滤纸吸收了溶液并将它向上吸引。根据色素在溶液中的溶解情况，它们以不同的速度被吸上滤纸，并分离出不同的颜色。

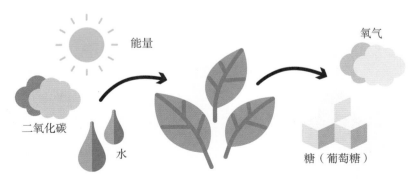

图5：光合作用的化学过程。

单元 3

云 和 雨

水循环是水在地球周围不断移动的过程。它有四个基本阶段：蒸发、冷凝、降水和汇集。

太阳的热量使海洋、湖泊、河流、冰和土壤中的水变成水蒸气——蒸发——并上升到大气中，在那里它冷却并凝结成微小的液态水滴（或直接冻结成冰晶体），形成云。

这些水滴和晶体很轻，可以保持在高空，但随着它们变大，就会变得更重，重力将它们拉下来成为降水——以雨、雪、冰雹和雨夹雪形态落到地球上。这些水的一部分渗入土壤并变成地下水，其余的则聚集在海洋、湖泊、河流和其他水体中，再次蒸发。

在本单元中，你将深入了解水循环。从一个简单的实验开始，展示温度、空气流动和表面积如何直接影响蒸发，然后将使用牛奶盒制作一个有趣的可摇动设备，用它测量空气中的水蒸气含量。

你会在一个罐子里造出一朵云，制作一个听起来像下雨的乐器。然后，你将直接从天空收集雨水，并报告降水量和水的酸碱性（pH值），以确定是否有酸雨。最后，你将发现太阳是如何创造出彩虹的（以及月亮是如何创造出月虹的），并且自己来创造彩虹。

实验16

蒸发测试

实验工具和材料

- ⟩ 2块干的洗碗用海绵
- ⟩ 2个小盘子
- ⟩ 量杯
- ⟩ 水
- ⟩ 带发热灯泡的台灯
- ⟩ 电风扇
- ⟩ 小玻璃杯
- ⟩ 计算器
- ⟩ 盘子或浅碟
- ⟩ 尺子

安全提示与注意事项

- ⟩ 耐心是完成本实验的关键。有些测试可能需要花费数小时甚至数天才能获得最终结果。
- ⟩ 白炽灯泡通电后会发热，而LED灯和荧光灯泡则不会。
- ⟩ 确保每个实验中唯一的变量就是被测量的那个因素。尽量使所有其他环境元素对两块海绵来说都相同。

测试温度、风和表面积对水蒸发的影响。

实验用时：2~3天

图5： 美国怀俄明州黄石国家公园里正在蒸发的温泉水。

实验步骤

1. 首先测试温度对蒸发的影响。将两块海绵分别放在一个小盘子上。将 $\frac{1}{8}$ 杯（约30毫升）水倒在每一块海绵上，让海绵吸收掉所有的水。（图1）

2. 将一块海绵放在台灯下，并打开灯。将另一块海绵放在室温环境里，远离任何热源。（图2）

3. 每30分钟到1小时观察并触摸一次海绵。它们的湿度有什么变化？写下你的观察。随着海绵变干，缩短观察的时间间隔。哪块海绵干得更快？为什么？

图1: 在每块海绵中加入等量的水。

图2: 用灯照射其中一块海绵。

图3: 用风扇吹其中一块海绵。

4. 接下来，测试风的影响。像步骤1一样，再次放两块海绵并弄湿它们。将一块海绵放在风扇前面，距离大约15厘米，然后打开风扇，让它对着海绵吹风。（图3）

5. 将另一块海绵放在同一个房间里，但远离风扇的风力范围。按照步骤3测量每块海绵的湿度。比较用灯使海绵干燥花费的时间与用风扇花费的时间，哪种方式海绵干燥得更快？

6. 最后，测试表面积的影响。将 $\frac{1}{8}$ 杯（约30毫升）水倒入一个小玻璃杯中，用尺子测量杯子的直径。

7. 通过求圆的面积来计算水的表面积。使用计算器，将 π 乘以半径的平方（ $\pi \times r^2$ ），其中 $\pi \approx 3.1416$，r=杯子直径的 $\frac{1}{2}$ 。

8. 将 $\frac{1}{8}$ 杯（约30毫升）水倒入盘子或浅碟中，再测量其直径。使用步骤7中的公式计算水的表面积。（图4）

9. 将玻璃杯和盘子放在不会被打扰的地方。每天观察它们数次：蒸发了多少水？哪个容器里的水蒸发更快？为什么？

图4: 在玻璃杯和盘子中分别加入等量的水。

（接下页）

奇思妙想：更进一步

- 增加或减少灯泡的瓦数或改变风扇的速度。将灯或风扇放置在离海绵更近或更远的地方。这样做会如何改变蒸发的速度？

- 使用异丙醇（外用消毒酒精）或伏特加酒（或杜松子酒）中的乙醇再做这个实验。寻求成人的帮助，并在通风良好的地方进行实验。你观察到有哪些差异和相似之处？

科学揭秘

在本实验中，你测试了温度、流动空气的速度和表面积，并且应该观察到其中任何一项的增加都会加快蒸发的速率。

更高的温度给水分子更多的能量，使它们更有可能从液体变成气体。水的沸点为100℃，但不必沸腾即可蒸发。蒸发总是发生在任何水体的表面，在分子水平上它与空气和阳光相互作用。

流动的空气起到推开水体正上方的水蒸气的作用。这会带来更干燥的空气，它会在被推开之前接受更多的水蒸气。随着更多干燥空气的吹入，蒸发速度加快。表面积的增加会增加接触空气的水量，也会促进更多的蒸发。

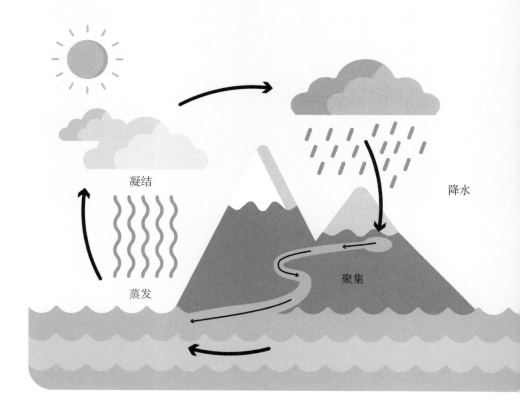

凝结

降水

聚集

蒸发

实验17

制造彩虹

实验工具和材料

- 宽口玻璃杯或烧杯
- 水
- 小镜子（如化妆镜）
- 手电筒
- 剪刀
- 白纸
- 胶带
- 浇水软管
- 雾化喷嘴

安全提示与注意事项

- 碎玻璃在水中可能导致危险，让成人帮忙处理镜子。
- 手电筒要能发出强烈的、聚焦的白光。

图6： 美国犹他州国会礁国家公园里出现了一道绚丽的双彩虹。

你可以使用身边的简单物品来制造出自己的彩虹！

实验用时：30分钟

实验步骤

1. 将玻璃杯或烧杯装上一半的水，让成人将镜子以一定角度放入水中。

2. 关掉灯，用手电筒透过玻璃杯的侧面去照镜子。（图1）

（接下页）

图1： 在一杯水中倾斜放入一面小镜子，然后用手电筒照它。

图2： 用纸盖住玻璃杯底部的一半。

图3： 玻璃杯让透过的光束呈现出圆润的形状。

3. 在墙壁或天花板上寻找光线的反射，它就像彩虹一样。你可能需要移动手电筒、镜子或玻璃杯以找到正确的角度。这道彩虹的颜色是按什么顺序排列的？与自然界中的彩虹有何不同？

4. 从水中取出镜子。剪下一小片长方形白纸，用胶带粘在一玻璃杯底部，遮住一半杯底。（图2）

5. 再将一张白纸放在平面上，然后让玻璃杯悬空位于白纸上方。

6. 关掉灯，用手电筒向下照玻璃杯。（图3）

7. 上下移动玻璃杯、手电筒，调整距离和角度，直到将彩虹聚焦在白纸上。这道彩虹的颜色顺序是什么样的？有何不同？为什么？

8. 将雾化喷嘴连接到浇水软管上。再将软管连接到户外水龙头上后打开开关。

9. 按压喷嘴上的控制杆，产生非常细的雾气。让自己和水雾朝向太阳，观察雾气。你看到了什么？出现的彩虹的颜色顺序是什么样的？这与玻璃杯实验的结果有何不同？（图4）

图4： 用喷嘴将薄雾喷洒到阳光中，制造一道彩虹。

图5： 出现在非洲南部津巴布韦和赞比亚之间的赞比西河的维多利亚瀑布上方的月虹。

 奇思妙想：月虹迷你实验

　　虽然在自然界极为罕见，但"月虹"确实会出现。它们通常出现在天空晴朗、满月、空气中含有大量水分的时候。月虹比普通的彩虹要暗一些，最常见的是白色拱门的形状。（图5）

　　在一个非常晴朗、伴随着满月的夜晚，来到户外，用接了水的软管和雾化喷嘴制造出雾气，就像你在步骤9中所做的那样。试一试，你能在月光下制造出自己的月虹吗？

 科学揭秘

　　在自然界中，当阳光穿过悬浮在空气中的水滴时，就会形成彩虹。光线在进入时发生折射（弯曲），从液滴的内表面反射，并在离开时再次折射。光的颜色呈扇形散开，红色弯曲得最少，出现在顶部，紫色弯曲得最多，出现在底部。

　　当光线第二次从水滴的内侧前表面反射并折射出背面时，就会出现双彩虹。外虹比内虹暗得多，颜色顺序也颠倒了。（图6）

　　喷嘴模拟了在自然界中发生的雾在空气中缓慢飘浮和下落时的情况，雾气会折射和反射穿过它的光。这也表明，为了看到彩虹，你必须在正确的时间出现在正确的位置，并以正确的角度进行观察。

自制湿度计

实验工具和材料

- ⊘ 空牛奶盒
- ⊘ 纸
- ⊘ 胶带
- ⊘ 长钉子或锥子
- ⊘ 若干米长的绳子或麻线
- ⊘ 订书机
- ⊘ 2个小温度计
- ⊘ 棉球
- ⊘ 滴管

安全提示与注意事项

- ⊘ 牛奶盒应为半升容量。确保它已经彻底清洁，而且是干燥的。
- ⊘ 本实验使用的是小的玻璃酒精温度计，里面有红色或蓝色的细线液体。确保你知道如何阅读这种温度计。
- ⊘ 在开阔的户外空间做这个实验的旋转部分，这样你就有足够的空间来安全地旋转你的设备。

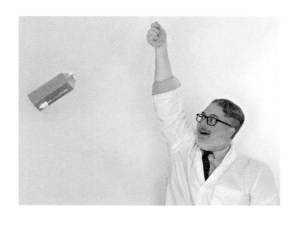

自制一个干湿球温度计，用它来确定空气的相对湿度。

实验用时：30分钟

图4：旋转设备时，请远离任何物体或人。

实验步骤

1. 用纸和胶带把牛奶盒完全包裹起来，这样温度计就更容易看清了。

2. 让成人帮忙用长钉子或锥子在牛奶盒的顶部打两个孔。将一根绳子（约2米）穿过两个孔，再将绳子的两端牢固地系在一起形成一个环，用订书机或胶带将纸盒的顶部封起来。（图1）

3. 用棉球包住其中一个温度计的底部，然后用一根绳子绕棉球扎紧。（图2）

4. 将两个温度计牢牢地粘在牛奶盒的相对两侧。用滴管将棉球弄湿。（图3）

5. 把自制的湿度计带到户外一处干净的空地，然后拎着牛奶盒上的绳环旋转60秒。（图4）

6. 从包有棉球的那个温度计开始，读取牛奶盒两侧两个温度计的读数。写下这两个数值。

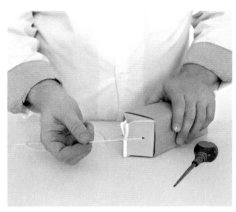 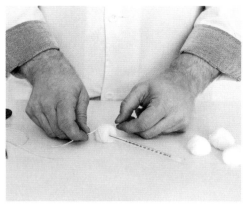 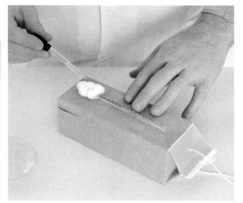

图1： 用绳子在牛奶盒上制作一个至少1米长的绳环。　图2： 用棉球包住一个温度计的底部，并用绳子捆绑固定。　图3： 用胶带将温度计粘在牛奶盒上，然后在棉球上滴水浸湿。

7. 将记录的数值输入到在线的相对湿度计算器中（参见第140页"网络资源"中的链接"美国相对湿度计算器"[①]）。你还需要输入大气压，这可以从当地的天气报告中获得。你知道什么是相对湿度吗？

 奇思妙想：露点迷你实验

将玻璃温度计放入干净的空铝罐中，在罐中加入常温水。读取温度计的读数。通过加入少量碎冰并用温度计轻轻搅拌来慢慢冷却罐中的水。当冰融化时，请注意温度是如何下降的。当你看到罐子外部出现冷凝的初始迹象时，再次读取温度计读数。这就是露点温度。

---

① 在中文搜索引擎上搜索"相对湿度计算器"，也能找到适用的网页。（编者注）

 科学揭秘

湿度计是用于测量空气或土壤中水蒸气量的仪器。相对湿度是空气中存在的实际水蒸气量与特定温度下空气中可能存在的水蒸气量的比值（以百分比表示）。

你在这个实验中制造的设备的专业名称是吊索干湿温度计，它使用两个温度计——一个干燥的，一个保持湿润的，通过"吊索"旋转设备以确定湿度。

旋转自制湿度计后，你会注意到带有棉球（湿球）的温度计读数低于单独的温度计（干球）的读数。这是因为当你旋转它时，棉球中的水会蒸发并降低温度。空气越干燥，水就越容易蒸发，温度计读数的差异也就越大。

罐子里的一朵云

实验工具和材料

- 玻璃罐
- 黑纸
- 剪刀
- 胶带
- 温水
- 冰块
- 小金属碗
- 火柴
- 手电筒

安全提示与注意事项

- 长火柴最适合这个实验，可以防止手指被烧伤！
- 由于要用火，你需要成人的帮助。
- 金属碗的大小以能盖住罐子的开口为宜。
- 如果没有小金属碗，也可以将罐子的盖子倒过来用。

你不需要用天空来造云，只需要用到一个罐子！

实验用时：20分钟

图4：用手电筒照向罐子，使云看起来更明显。

实验步骤

1. 剪一张黑纸，尺寸以能包住半个罐子为宜，用胶带将其固定在罐身上。（图1）

2. 在罐子中加入约5厘米高的温水。用冰块填满小金属碗。

3. 让成人帮忙点燃一根火柴，然后将它伸入罐子里3~5秒。（图2）

4. 将火柴丢入罐子里的水中使其熄灭。立即用装满冰块的金属碗盖住罐口。（图3）

图1：用黑纸充当深色背景，方便你看到云。　图2：先拿着火柴在罐内燃烧一会儿。　图3：把火柴放在水里熄灭，把冰碗盖在罐口。

5. 透过罐子未被包住的那面看向被黑纸包住的另一面。你注意到了什么？

6. 随着罐子里的云的形成和变大，关掉房间里的灯，用手电筒照向罐子。（图4）

7. 一旦在罐子里形成相当大的云，将金属碗从罐子口移开。此时，云会发生什么变化？

 奇思妙想：你知道吗？

不同类型的云根据它们的形状和在天空中的位置而得名。卷云（Cirrus）在高处形成，看起来纤细而呈羽毛状，因为它们是由微小的飘浮冰晶组成的。积云（Cumulus）是位于中间的云，形状像巨大的棉球。层云（Stratus）的位置很低，像床单一样覆盖着天空。在地球表面附近形成的云则被称为雾。

 科学揭秘

在本实验里，水蒸气从罐子里的温水中升起。你看不到它，但在水的表面，热量激发分子克服表面张力和气压，从液体变成气体。

当水蒸气遇到冰碗的冷金属时，会冷却，火柴产生的烟雾颗粒提供了水可以凝结的微小表面（凝结核）。随着更多的蒸汽变成液体，云会增加并变得可见。碗被移开后，水停止冷凝，温暖的水蒸气将云向上推出罐子。

做一根雨声棒

用自制的简单乐器来捕捉下雨的声音。

实验用时：1小时

图5：把你的雨声棒倒过来，听听舒缓的雨声！

实验工具和材料

- 硬纸板长管（或用胶带将许多短管粘在一起组成）
- 棕色牛皮纸
- 铅笔
- 剪刀
- 胶带
- 铝箔纸
- 小颗粒且干燥的材料（如豆类、大米、玉米）
- 量杯
- 漏斗（可选）
- 蜡笔、记号笔、彩纸、胶水和其他美术用品（可选）

安全提示与注意事项

- 管子的直径为3.5~5厘米。
- 管子越长，雨棒发出的声音就越好。可以使用卷筒纸芯，将它们粘在一起，组成至少1米长的长柱。

实验步骤

1. 在一张牛皮纸上描绘管子的末端。围绕这个圆，再画一个两倍大的圆圈，然后在两个圆圈之间画4~6条等距的连接线。这样做两次。

2. 沿较大的圆边缘剪下，再沿连接线剪开，直至内里较小的圆的边缘。这是雨声棒的盖子，将这个盖子粘在管子的一端。（图1）

3. 剪出3块铝箔纸，每块铝箔纸的长度是管子的1.5~2倍，宽约15厘米。

图1：描线并绘制两个用线条连接的圆。沿大圆剪下，用它密封管子的一端。

图2：将铝箔纸剪切、压紧并拧成螺旋状。　图3：将铝箔螺旋条插入管中。　图4：倒入豆类或大米时，你会听到下雨的声音。

4. 将铝箔纸卷成细长的条状，然后将每根铝箔条拧成螺旋状，以适合管子的内部。（图2）

5. 将3根铝箔螺旋条推入管子。（图3）

6. 小心地倒入 $\frac{1}{2}$ 杯（约80克）干燥材料。使用漏斗的话，操作会更容易些。（图4）

7. 剪下第二个牛皮纸盖子。用胶带将它封在管子的另一端上，将铝箔条和干燥材料封在管内。

8. 用更多的棕色牛皮纸或彩纸包裹你的雨声棒。用蜡笔和记号笔、贴纸和装饰物装饰外部。

9. 把雨声棒上下翻转，仔细听。你听到了什么？（图5）

 奇思妙想：更进一步

■ 雨声棒内不同种类的混合物或不同数量的干燥材料是如何改变它发出的声音的？

■ 使用更多或更少的铝箔螺旋条对雨声棒发出的声音有何影响？

 科学揭秘

雨声棒很可能是马普切人发明的，他们是现今智利中南部和阿根廷西南部的土著人，他们相信摆弄这些工具能带来雨水。

传统的雨声棒由晒干的仙人掌制成。刺被拔除，然后以螺旋的方式小心地插回仙人掌圆柱体内。再将鹅卵石、豆类或其他小而硬的材料密封在里面。

当仙人掌棍被垂直翻转时，内里的材料会由一端落到另一端，同时撞击插入的仙人掌刺（在本实验中是铝箔条），由此发出像下雨一样的声音。用其他材料制成的类似乐器在世界各地也随处可见。

实验21

测量降雨量

图4: 选择一处理想的位置，确保你的雨量计不受干扰。

用回收的瓶子制作你自己的雨量计，用它来测量降雨量。

实验用时：1天

实验工具和材料

- ◇ 2升容量的空塑料瓶
- ◇ 美工刀
- ◇ 干净的石子或玻璃弹珠
- ◇ 绝缘胶带
- ◇ 纸胶带
- ◇ 水
- ◇ 尺子
- ◇ 永久性记号笔

安全提示与注意事项

- ◇ 用锋利的刀切开塑料瓶既有难度又危险，请成人帮忙。

实验步骤

1. 从塑料瓶上取下盖子。让成人帮忙用小刀整齐且小心地切掉瓶子的顶部。保存顶部用于步骤3。（图1）

2. 将石子或弹珠放在瓶子底部，堆放高度为2.5~5厘米，这可以防止设备被吹倒。

3. 将步骤1中切好的顶部插入瓶内，颈部朝下，形成一个漏斗。对齐两边的切割边缘，使用绝缘胶带将它们固定。（图2）

4. 取一条长长的纸胶带，垂直贴在瓶子的侧面。确保纸胶带贴得笔直。在胶带上做一个水平标记，就在石子或弹珠的上方位置，将数字"0"标记至此处，作为起始测量值。

图1：让成人帮忙切割瓶子的顶部。

图2：将瓶子的顶部倒置插入瓶子，就像装入一个漏斗一样。

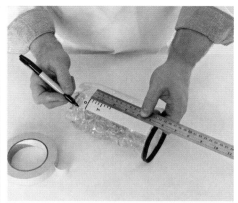

图3：在瓶身的外侧制作一个纸胶带尺。

5. 将尺子上的"0"线与瓶身上的"0"线对齐，在纸胶带上每6毫米或1厘米做一个标记。并对厘米进行编号。（图3）

6. 当天气预报有雨时，将水加到瓶子中，直至"0"标记的位置。然后将瓶子放置在户外向天开放的水平表面上。（图4）

7. 24小时后，记录瓶内的水位。检查你当地的天气情况，看看你的测量结果与当天报告的降雨量有多接近。将此实验中的水留给实验22。

奇思妙想：你知道吗？

潮土油（petrichor）是雨水降至干燥的地面时产生的气味。它来自某些植物在干旱时期产生的油，被黏土和岩石以及另一种被称为土臭素（geosmin）的化合物吸收，土臭素是土壤中细菌的副产品。一些科学家认为，人类注意到并喜欢这种独特的气味，因为对我们的祖先来说，它预示着生存所需的阴雨天气即将到来。

科学揭秘

下雨时，水到达地面时会发生什么情况取决于以下五个因素：

- 降雨率：若短时间内有大量的雨水，水分会流失而不是渗入地下。
- 土壤条件：松散的沙质土壤比含有黏土的高密度土壤更能吸收水分。
- 地形：落在崎岖不平的土地上的雨水会流下山坡，聚集在水体中或渗入地下。
- 植被密度：植物会减缓水流的速度并将土壤保持在原位。
- 城市化：建筑物、道路和停车场会阻止雨水渗入地下，从而导致洪水（内涝）泛滥。

在美国，每年能够到达河流的那部分降水，平均每天产生约4.5万亿升的流量。如果只收集和储存其中的三分之一，它将为美国近3.3亿人提供足够的日常用水。

实验22

酸 雨 测 试

实验工具和材料

- ⟩ 大量的紫甘蓝
- ⟩ 锋利的刀
- ⟩ 搅拌机
- ⟩ 热水
- ⟩ 筛子
- ⟩ 粗棉布或纸巾
- ⟩ 大碗
- ⟩ 咖啡滤纸
- ⟩ 烤盘
- ⟩ 铝箔纸或蜡纸
- ⟩ 电风扇或吹风机（可选）
- ⟩ 滴管
- ⟩ 一次性手套（可选）

安全提示与注意事项

- ⟩ 让成人帮忙用刀及操作搅拌机。
- ⟩ 为避免将手指染成紫色，你可以在做实验时戴上防护手套。
- ⟩ 为防止污染，请务必将雨水样本滴在试纸上，而不是将试纸放入雨水样本中。

用紫甘蓝汁和咖啡滤纸制作简单的石蕊试纸[①]，用它来测量雨水的酸碱性（pH值）。

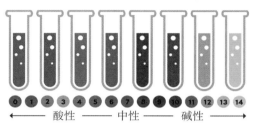

图4：紫甘蓝汁指示剂的颜色指标。

实验用时：1~2小时

实验步骤

1. 让成人帮忙将紫甘蓝的一半切碎，然后放入装有3杯（约710毫升）热水的搅拌机中，高速搅拌1~2分钟。

2. 在筛子上铺上粗棉布或单层纸巾，然后将其放入大碗中。过滤混合物，将切碎的紫甘蓝从液体中分离出来。菜渣可以丢弃或用于堆肥，让液体在碗中完全冷却。（图1）

3. 用铝箔纸或蜡纸盖住烤盘。将咖啡滤纸浸泡在紫甘蓝汁中约30秒，然后将其放在烤盘上等待完全干燥。尽可能多制作几张滤纸。有关加快干燥过程的方法，请参见实验16（第52页）。（图2）

4. 待滤纸干燥后，将其切成2.5厘米宽的条状。（图3）

---

① 此类测量酸碱性的试纸最初是用从石蕊地衣中提取的紫色浸液制成，因此被称为石蕊试纸。（编者注）

图1：将紫色液体与紫甘蓝渣分开。

图2：浸泡滤纸，铺在烤盘上晾干。

图3：将你制造的石蕊试纸切成条状。

5. 将雨水直接从天空收集到干净的容器中，这样你的结果就不会受到来自地面或其他表面污染物的影响。你可以使用在实验21中收集的雨水。

6. 使用滴管测试水样：将少量水滴在染色后干燥的滤纸条上。你观察到了什么？纸条会变成什么颜色？你收集的水样的pH值是多少？雨水样品与自来水相比，pH值有何差异？（图4）

奇思妙想：呼吸迷你实验

你可以用紫甘蓝汁来证明你呼出的气体中含有二氧化碳。在杯子里装满冷水，加入一点紫甘蓝汁。将吸管放入水中，将气吹入液体中约1分钟。你注意到液体颜色的变化了吗？你认为正在发生什么情况？为什么？

科学揭秘

在水中，总是有少量水分子（H_2O）分裂，失去一个氢原子（H）后变成氢氧根离子（OH^-）。其他水分子获得失去的氢原子后形成水合氢离子（H_3O^+），也被称为氢离子（H^+）或质子（仅剩氢原子核）。在纯水（即"中性"状况）中，这两种离子的数量是相等的。

当酸溶解在水中时，它会改变这种平衡，氢离子变得比氢氧根离子多得多。碱性物质（或碱）在"吸收"氢离子时则会以另一种方式改变平衡，从而产生更多的氢氧根离子。

紫甘蓝从被称为花青素（anthocyanins）的色素中获得鲜艳的颜色。酸碱度（pH值）水平的变化会改变它们的性状，从而改变它们的颜色，导致产生图4所示的颜色。

在"奇思妙想"的呼吸迷你实验中，吐气中的二氧化碳会溶解在液体中，形成碳酸，降低液体的pH值，然后变成粉红色。同样，当硫和氮的氧化物，如燃烧煤炭和其他化石燃料所产生的废气，与大气中的水混合形成硫酸和硝酸，就产生了酸雨。

单元 4
吹动的风

风在地球上以多种不同的形式出现，从强烈的雷暴阵风到温和的沿海微风，再到大规模的全球气流。风不仅是人类的重要交通工具，也是鸟类、昆虫甚至种子的重要交通工具，它们可以借助风移动数千公里。

地球的每个半球都拥有三个巨大的、类似齿轮形状的循环空气带，被称为哈德利环流、费雷尔环流和极地环流。在这些环流单元内，全球的风受地球对不同气候区太阳能吸收差异的影响而形成。在单元之间的热空气和冷空气的边界或前线的后面是急流——对流层上层的狭窄强风带，它让天气系统由西向东移动。

在本单元中，你将首先了解对流以及大量气旋是如何成为地球天气的基础。你将尝试试验海陆风模型，它决定了沿海地区的风向，并且自制简单的工具来测量放飞纸飞机和风筝时的风速和风向。最后，你将展示风是如何侵蚀土地的，风会吹走宝贵的养分和表土，同时吹起灰尘和污染，将它们从源头传播到很远的地方。

你会发现，无论其形式或功能如何，风都会对地球上的生命产生巨大影响，决定了它的过去、现在和未来。

实验23

制造对流

实验工具和材料

- 平底锅或水壶
- 炉灶
- 水
- 大玻璃容器
- 小玻璃罐或玻璃杯
- 食用色素
- 保鲜膜
- 橡皮筋
- 厨房钳
- 刀

安全提示与注意事项

- 本实验会使用非常热的水和一把锋利的刀，需要成人在旁边监护。
- 如果你不想在炉子上加热水，可以将其放入马克杯中，然后用微波炉加热。
- 建议用报纸覆盖工作台面，防止液体和食用色素中的染料弄脏台面。

使用冷水、热水以及少许食用色素来模拟对流。

实验用时：1小时

图4：当冷水和染色热水开始混合时，就会产生对流。

实验步骤

1. 让成人帮忙将炉灶上的平底锅或水壶中的水加热至几乎沸腾。处理热水时务必小心。

2. 在大玻璃容器中装入大约四分之三的冷水。将热水倒入小玻璃罐或玻璃杯中至几乎装满，然后加入15~20滴食用色素。（图1）

3. 用保鲜膜盖住小玻璃罐或玻璃杯的口，并用橡皮筋固定。（图2）

4. 用厨房钳将装了热水的小玻璃罐或玻璃杯浸入装了冷水的容器中。（图3）

5. 用刀刺破保鲜膜。你注意到了什么？每5分钟观察一次，总共长达1小时。有颜色的热水会发生怎样的变化？（图4）

图1：在大容器中加入冷的清水，在小玻璃罐中加入有色的热水。

图2：使用橡皮筋固定保鲜膜。

图3：小心地将装满热水的小玻璃罐或玻璃杯放入冷水中。

 奇思妙想：冷流迷你实验

在量杯中将冷水与蓝色的食用色素混合，再将其倒入冰格中并放入冰箱冷冻。用常温水装满一个大的透明玻璃杯，静置约30分钟。然后，小心地在杯中放入其中一块蓝色冰块（之前用冰格冷冻的蓝色色素液体），看看会发生什么。这与热水实验相比，结果有何不同？

 科学揭秘

对流通过流体（例如水或空气）的运动来传递热量。在我们的星球上，海洋中的对流会产生洋流并维持着生命，而地壳下方熔岩中的对流则会移动地壳板块。空气对流影响天气状况，不断移动的大气环流使云层保持在高处，并在地球表面驱动我们称之为风的持续循环。

在本实验中，有色热水被释放并上升到表面，而较冷的水则被拉下以取代它。然后有色水冷却并下沉，而较冷的水变暖并上升。这个过程一直持续到水温稳定并且色素均匀分布。在"奇思妙想"的冷流迷你实验中，发生了同样的事情，只是被染色的是冷水而非热水，这能更清楚地展示冷水中的热水流是如何下降的。

实验24

感受微风

实验工具和材料

- ⊙ 2个相同大小的玻璃烤盘
- ⊙ 沙子
- ⊙ 烤箱
- ⊙ 烘焙手套
- ⊙ 隔热垫或三脚架
- ⊙ 冰块
- ⊙ 水
- ⊙ 温度计（最好能即时读数）
- ⊙ 线香、鼠尾草①或蜡烛
- ⊙ 火柴或打火机
- ⊙ 大纸箱（可选）

安全提示与注意事项

- ⊙ 本实验涉及火源并需要使用烤箱，需要成人在旁监护。
- ⊙ 为了阻止可能影响结果的任何气流，你可以从一个大的矩形纸板箱中剪下两个相邻的长边，再将其盖在你的装置上方。
- ⊙ 如果没有玻璃烤盘，也可以用陶瓷或金属材质的。

用厨房里能找到的材料来说明为什么海滩会刮风。

实验用时：30分钟

图4：烟雾随着微风移动。

实验步骤

1. 将烤箱预热至150℃，然后在没有风或其他气流的位置选择平坦的表面。如有必要，可以使用切好的纸板箱来保护你的装置。

2. 将沙子倒入一个烤盘中，沙堆高度约1厘米，然后在烤箱中加热5~8分钟，直至沙子的温度达到70℃～80℃。（图1）

3. 让成人帮忙点燃线香、鼠尾草或蜡烛，然后吹灭。握住或将其放置在你将进行实验并观察烟雾的地方。观察烟雾是如何流动的。如果烟雾没有直接向上流动，尝试阻挡来自周围的气流或选择一处新的位置。（图2）

4. 用冰块和水将第二个烤盘装满一半，然后将其放在你选择的平坦表面上。

5. 让成人帮忙用烘焙手套从烤箱中取出热沙，然后将其放在盛有冰水的烤盘旁的隔热垫或三脚架上。测量并记录两个烤盘的温度。（图3）

_____

① 一种草本植物，燃烧时会产生大量烟雾。（编者注）

图1：把沙子烤热。

图2：只有烟雾不受其他气流干扰时，才能开始实验。

图3：将两个烤盘并排放置，测量它们的温度。

6. 让成人再次帮忙点燃线香、鼠尾草或蜡烛，然后吹灭。把烟头夹在两个烤盘之间，位于边缘正下方或正上方。观察烟雾的运动：现在烟雾流向哪个方向？（图4）

奇思妙想：更进一步

- 改变烤盘的温度：将热盘中的沙子冷却或在冷盘中加入热水的话，两个烤盘之间的微风会出现什么情况？

- 提高或降低每个烤盘的温度：温度的差异与烟雾的速度和方向之间是否存在关联？

科学揭秘

热沙上方的空气受热、膨胀并开始上升，导致压力下降。在水面上，空气则冷却、收缩并向下沉，从而增加压力。这种气压差异是导致"海风"运动的原因。

来自高压区的空气冲入低压区，填充了由上升和膨胀的空气造成的空隙。烟雾的横向移动提供了这种流动的视觉证据。加大水温和沙温之间的差异会产生更强的风。

到了晚上，海风变成了陆风。这是由于沙子的比热容①较低，一旦太阳下山，沙子就会迅速冷却。当沙子比水冷时，气流模式就会反转。

---

① 比热容指单位质量的某种物质升高（或下降）单位温度所吸收（或放出）的热量。沙子的比热容比水低，因此吸收同样的日照，沙子的温度上升得比水快，反之亦然。（编者注）

自制风速计

将杯子、吸管和铅笔组合起来，制作一个测量风速的简单装置。

实验用时：1小时

图4： 确保你的装置旋转时受到的摩擦最小。

实验工具和材料

- ⊙ 5个小纸杯
- ⊙ 单孔打孔器
- ⊙ 2根吸管
- ⊙ 螺丝刀或锥子
- ⊙ 透明胶带
- ⊙ 记号笔
- ⊙ 带橡皮头的新铅笔（未削过）
- ⊙ 珠针
- ⊙ 车辆和驾驶员（用于校准）
- ⊙ 秒表或其他计时器
- ⊙ 计算器

安全提示与注意事项

- ⊙ 当你需要的时候，向成人寻求帮助，让他们在杯子上戳洞或将珠针推入铅笔橡皮擦。
- ⊙ 使用重量较轻的胶带。固定杯子时，每个杯子使用相同的量，并尽可能少地使用胶带，以便保持设备平衡。
- ⊙ 帮助你校准装置的驾驶员必须要有驾照。

实验步骤

1. 在一个杯子四周打出4个均匀分布的孔，以此作为风速计的轮毂。每个孔距离顶部边缘1厘米。

2. 将吸管插入孔中，使两根吸管在杯子内部交叉。（图1）

3. 使用螺丝刀或锥子，在杯子底部的中心位置打一个孔。孔要略大于铅笔的直径。

4. 分别在剩余的4个杯子的杯身上打4个孔，这些孔彼此相对，距离杯子的顶部边缘约1厘米。

5. 将4个杯子插在两根吸管上，使每个杯子的开口都朝向前一个杯子的底部，然后用胶带将它们与吸管固定在一起。（图2）用记号笔在其中一个杯子的外侧画一个大圆点。

图1：在一个杯子上打4个等距的孔，然后插入吸管，让它们相交。

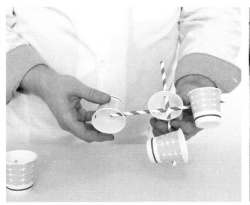

图2：在4个杯子上打孔，将它们插到吸管上。在其中一个杯子上画一个圆点。

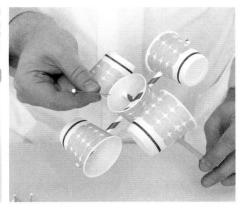

图3：插入橡皮头的珠针是风速计的旋转轴。

6. 将铅笔的橡皮头一端插入作为轮毂的杯子底部的孔中。将珠针穿过相交吸管的中心，再向下直插入橡皮头中。（图3）

7. 一只手拿着铅笔，对着这个自制风速计吹气。中央的轮毂应自由旋转，带动交叉的吸管绕轴旋转，且不会与下方的橡皮头接触产生过多摩擦。（图4）

8. 在风平浪静的日子里，可以让有驾照的司机以每小时16.1公里的速度在街上开车，以产生风。将你的风速计放在户外，启动秒表，然后计算30秒内的旋转次数（依据杯身上你画的大圆点）。这样做几次后，得出你的测量值的平均数。

9. 测量风速时，站在一个地方，将风速计举在空中。计算30秒内的旋转次数。使用计算器将此数字除以步骤8中的数值，然后乘以16.1便得到以"公里/小时"为单位的速度。

 奇思妙想：**更进一步**

■ 将你的风速测量值与当地的天气报告情况进行比较。你的测量能与之匹配吗？

■ 再次找来那位有驾照的司机，让他以他想要的任意速度开车，且不告诉你车速多少。重复步骤8，再使用步骤9的方法来猜测他的驾驶速度！

科学揭秘

在本实验中，你制作了一个杯式风速计，它也称为罗宾逊风速计，是以爱尔兰科学家约翰·罗宾逊（John Robinson）的名字命名的，他在1846年改进了设计，使用了4个半球体和机械转轮。

杯子的形状能够捕捉风，使设备旋转。给定时间内的旋转次数能告诉你风的移动速度。与使用了激光和超声波的新型风速计相比，它是一种简单而有效的测量工具。

做一个风向标

实验工具和材料

- 2个坚固的纸盘
- 黏土
- 鹅卵石或小石头
- 螺丝刀或锥子
- 胶水
- 带橡皮头的新铅笔（未削过）
- 彩色卡纸
- 尺子
- 剪刀
- 记号笔
- 吸管
- 胶带
- 珠针
- 导航指南针
- 艺术装饰材料（可选）

安全提示与注意事项

- 可以使用塑料板或泡沫板，它们比纸更耐用。
- 在盘子上戳洞时，让成人帮忙。
- 随心所欲地在风向标上发挥创意，可以装饰盘子或用彩色胶带把铅笔包起来。

图4：将箭头安装在铅笔的橡皮头上。然后注意箭头在风中所指的方向。

制作一个有趣的纸质工具，用它来确定风向。

实验用时：30分钟

实验步骤

1. 将一块高尔夫球大小的黏土放在一个纸盘的中央，然后向下压。在黏土周围倒一圈鹅卵石，将它们均匀地压向黏土的外侧。这将帮助你的风向标保持站立状态。（图1）

2. 将另一个纸盘倒置，用螺丝刀或锥子在中心戳一个孔，尺寸以能紧紧卡住铅笔为宜。接下来，在有孔的盘子边缘涂上胶水，将其倒扣在装了黏土和鹅卵石的盘子上面。等待胶水完全干透。

3. 从彩色卡纸上剪下以下几个等边三角形：边长10厘米的三角形1个，边长7.5厘米的三角形1个，边长5厘米的三角形4个。

  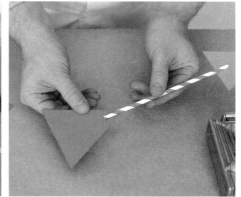

图1：用一大块黏土和一些鹅卵石给你的装 　图2：将方向标记添加到纸盘底座上。 　图3：用两个三角形、一根吸管和一些胶带
置负重。　　　　　　　　　　　　　　　　　　　　　　　　　　　　　　　　　　　制作箭头。

4. 在4个边长5厘米的三角形上写下字母——N、E、S、W。将尖角指向外侧的三角形粘在盘子的边缘处。从盘子顶部开始按顺时针方向分别为：N（北）、E（东）、S（南）、W（西）。（图2）

5. 在吸管两端的相同位置切割一个2厘米长的狭缝。将边长10厘米的三角形的一角插入一个狭缝，将边长7.5厘米的三角形的一角插入另一个狭缝，制作出一个箭头。用胶带将它们固定到位。（图3）

6. 在铅笔的木头端涂上一点胶水，然后将其从纸盘上的孔插入，直至盘内的黏土中，保持铅笔笔直站立。等待胶水完全干透。

7. 将珠针从吸管箭头的中间位置扎入，再推入铅笔的橡皮头中，三角形箭头是侧立的状况。旋转箭头几次以确保它能够自由转动。

8. 带着你的风向标走到户外，把它放在平坦、水平的表面上。使用指南针，找到地方，再使纸盘上的N标记指向北方。刮风时你观察到了什么？（图4）

 奇思妙想：你知道吗？

风向标可能是最早用于测量和预测天气的仪器。天文学家安德洛尼克斯（Andronicus）为雅典的风之塔建造了世界上第一个有记录的风向标。

 科学揭秘

风向标并不指向风行进的方向，而是指示风的来源方向。如果你的风向标指向"N"处，这意味着风来自北方，吹向南方。

这是因为箭尾（大三角形）的表面积比它的尖端（小三角形）大，受风力的影响也大。尾巴会产生更大的阻力（空气阻力），风会迫使它尽可能地向后移动，直到它与风的路径平行。这提供了最小的阻力并将箭头指向另一个方向，也就指向了风的来源。

去放风筝

实验工具和材料

- ⊙ 打印纸或彩纸
- ⊙ 剪刀
- ⊙ 2根吸管
- ⊙ 透明胶带
- ⊙ 纸胶带
- ⊙ 单孔打孔器
- ⊙ 风筝线
- ⊙ 直尺或卷尺
- ⊙ 回形针
- ⊙ 塑料袋
- ⊙ 艺术装饰材料（可选）

安全提示与注意事项

- ⊙ 使用标准尺寸的纸来做风筝：22厘米×28厘米和A4尺寸都适用。
- ⊙ 如果没有风筝线，也可以使用任意其他细而轻的线或麻线。
- ⊙ 可以回收使用任意薄塑料袋作为风筝的尾环。

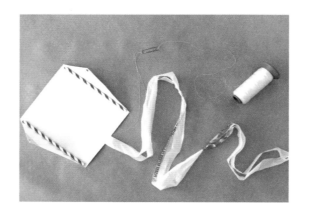

学习并掌握放飞这款经典"雪橇"风筝的基本知识。

实验用时：1小时

图5：你自己的风筝就做好了。现在，把它带到户外，看看它能飞多高！

实验步骤

1. 要为风筝制作底座，将一张标准尺寸的纸剪成如图所示的形状。如果你愿意，可以装饰它。完成后，折叠两侧的三角形侧翼。（图1）

2. 在侧翼的每个折叠处放一根吸管，用透明胶带将它们固定到位。（图2）

3. 用纸胶带加厚侧翼上的尖角，然后打一个孔。

4. 剪下两条40厘米长的绳子，绳头穿过两个侧翼上的孔后系紧。再将绳头并在一起系在回形针上，将风筝

图1：把一张纸剪成六边形的形状，然后把两个侧翼折起来。

图2：将两根吸管粘在侧翼的折叠处。

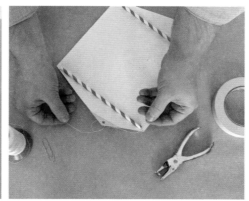

图3：把绳子系在风筝侧翼上。

图4：用塑料袋为风筝做尾巴。

线的线头也系在回形针上。（图3）

5. 将塑料袋压平后剪开，制成2厘米宽的条带。将每个条带展开组成一个环。将塑料环首尾连接在一起，组成一条1.2~1.5米长的尾巴。（图4）

6. 用胶带将塑料环尾巴固定在纸风筝的底部中心。（图5）

7. 把你的风筝带到户外。从带着它走路开始，然后慢慢地跑起来。你观察到了什么？你是否感到绳子被拉扯或拉紧？它是如何随着你移动的速度而变化的？

 奇思妙想：更进一步

■ 风筝尾巴的长度会怎样影响它的飞行方式？太短或太长的话会是什么表现？就长度而言，最佳尺寸是多少？

■ 增加风筝尾巴的数量，确保它们在风筝的底部居中并均匀分布。风筝有两条尾巴与一条尾巴或根本没有尾巴相比，飞行表现有何差异？

 科学揭秘

风筝会飞是由于风会对纸的宽阔表面产生高压，这导致了垂直于移动方向的空气升力，从而将风筝向上推。风越快（或者你移动得越快），升力就越大。

同时，阻力将风筝拉向风的方向。提升和拖动共同对抗着绳索和重力，使风筝保持在高处。

风筝上的尾巴为其增加了重量及阻力，使风筝的底部保持向下，以此防止风筝滚动和旋转。一条短小的尾巴对风筝几乎没有帮助，但一条太长的尾巴又会使风筝太重而无法飞行。专业的风筝制造商建议为风筝添加一个长度是风筝本体长度3~8倍的尾巴。

纸飞机

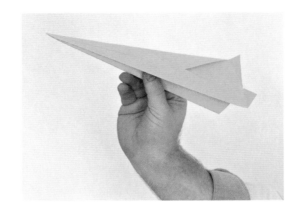

你只需要纸和风，就能了解飞机是如何飞行的。

实验用时：15分钟

图5：用拇指和其余手指抓住纸飞机的机身，向外抛出，让它飞起来!

实验工具和材料

- ⊘ 打印纸或彩色牛皮纸
- ⊘ 胶带

安全提示与注意事项

- ⊘ 本实验也可以使用杂志页，它会为你的纸飞机添加一些颜色和图案。

实验步骤

1. 将一张纸纵向对折。然后展开，将纸平放。

2. 将右上角和左上角向下折叠，直到纸的上边缘与中心的折线对齐。（图1）

3. 将"顶部"的倾斜边缘向下折叠到中心折线处。用力按压。（图2）

4. 为了制作翅膀，将三角形对折，然后将倾斜的边缘向中间折叠。再次用力按压。（图3）

图1：将纸折叠成尖屋顶房子的形状。

图2：现在折叠后的纸应该看起来像一个大的等腰三角形。

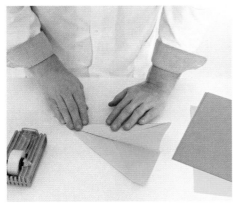
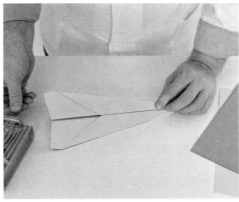

图3： 通过向后折叠倾斜的边缘来形成机翼 图4： 制作飞机的机身，折叠机翼，用胶带将 图6： 将机翼的后端向上或向下折叠或一上
和机身。 它们固定到位。 一下折叠。

5. 沿着折痕向后弯曲纸张做出机身（握住并用来投掷的部分）。两边机翼碰在一起，再用一小块胶带粘贴固定。（图4）

6. 测试你的纸飞机：投掷它，让它在空中滑翔。注意观察它是如何移动的。（图5）

7. 现在，将两侧机翼的后端稍微向上翻转，然后再次抛出你的纸飞机。你观察到了什么变化？试着将两个后端向下折叠或将它们一个向上和一个向下折叠，你观察到飞行模式有哪些变化？（图6）

 奇思妙想： 纸和压力迷你实验

- 将一张纸对折，握在其折痕处，让两侧边缘向下悬空。往两个悬空边缘之间吹气。你注意到了什么？

- 将一条纸的两端粘在一起，形成一个泪珠状的环——就像飞机机翼或机翼的横截面。用铅笔穿过环并向弯曲的表面吹气。你观察到了什么？

 科学揭秘

将纸飞机机翼的后端向上折叠会产生压力，使机头向上，你的纸飞机就可能会"失速"并坠落到地面或在半空中完成"内循环"。当机翼后端向下折叠时，纸飞机机头向下并撞到地面或仰面着陆。当机翼后端一上一下折叠时，飞机会以"快速滚动"的方式旋转。

根据伯努利原理，流动的材料在其移动速度最快的地方施加的压力最低。因此，在迷你实验中，当你在悬空的纸褶之间吹气时，移动的空气会产生低压，而高压空气会将褶皱推到一起。

在飞行中，真正的飞机机翼的作用是让空气"冲击"它的底部，从而产生高压。在机翼上侧，机翼曲线正上方的空气因受迫而加速，从而产生低压。下方较高的压力就会将飞机推升。

风蚀实验

实验工具和材料

- ⊙ 护目镜
- ⊙ 3个小尺寸的烤盘（金属或玻璃材质）
- ⊙ 沙子
- ⊙ 水
- ⊙ 海绵
- ⊙ 小石子
- ⊙ 吹风机
- ⊙ 量角器
- ⊙ 秒表
- ⊙ 尺子

安全提示与注意事项

- ⊙ 本实验可能会因为沙子四处飞扬而有点乱。最好在户外、车库或地下室进行，之后可以加以清扫。
- ⊙ 始终在成人的监护下使用吹风机。
- ⊙ 始终佩戴好护目镜，以保护你的眼睛免受飞溅沙粒的伤害。

用沙子和吹风机模拟风蚀。

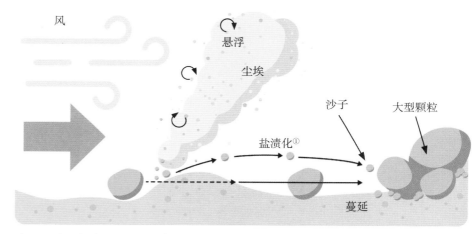

图4：风是如何移动和塑造土壤的。

实验用时：30分钟

实验步骤

1. 准备3盘沙子：一盘里只有干沙，一盘里装有干沙和小石子的混合物，一盘里是湿沙。（图1）

2. 将吹风机以45度角对准第一盘沙子，用量角器确认角度。将吹风机调低档吹30秒。你观察到了什么？（图2）

3. 对另外两个盘子做同样的事情。每个盘子会发生什么情况？写下你观察到的现象。

———————————
① 土壤盐渍化是指可溶性盐分在土壤中积聚，导致土壤基本特性恶化和质量下降的过程。（编者注）

图1：想要弄湿沙子，可以用海绵浸湿再挤 图2：将吹风机以一定角度对准沙盘，吹30秒。 图3：尝试在同样的位置，吹风机以不同的
　　　水的方式，直至沙堆里的水分足够。 　　　　　　　　　　　　　　　　　　　　　　角度吹风。

4. 将每个盘子里的沙子弄平。把吹风机放在与之前同样的离开盘子一定距离的同一个位置，以同一个角度再次吹风。但这次把吹风机的温度调高。现在观察到了什么？

5. 再次尝试相同的设置，但这次使用量角器使吹风的角度变得更小。你注意到不同盘子里的侵蚀模式有何不同？

6. 将吹风机拿至离开盘子统一距离的位置，并以不同的角度和不同的风速重复实验。记录你的观察。（图3）

 奇思妙想：防腐蚀迷你实验

堆一小堆沙子，测量它的高度。用吹风机对着沙堆吹30秒，再次测量它的高度。重新堆沙，但这次添加材料，如木棍、铝箔片或砾石。以不同的速度、距离和角度用吹风机吹风，每次都测量吹风前后的沙堆高度，然后再次重建实验。什么材料最适合减缓侵蚀？为什么？

 科学揭秘

对于松散的沙子，慢至每小时21公里的风就能够移动它们，并且这种移动随着风速的增加而加速。每小时48公里风速的风造成的侵蚀速度是每小时32公里的风的3倍以上。

风会迅速将干沙吹走，因为单颗沙粒不会相互粘连。在湿沙中，水填充颗粒之间的空间，表面张力将它们固定在一起，因此需要更大的力量才能将沙子吹走。随着沙堆湿度的增加，风蚀会减少。

风对表层土壤的侵蚀是对农业的真正威胁，因为它通过去除其最肥沃的部分而降低了土地的生产力。防止这种情况的最佳方法是在农田周围种植树木，这能够保持土壤并减弱吹过地表作物的风。

实验30

空气污染传感器

实验工具和材料

- ⊘ 1块透明塑料片
- ⊘ 剪刀
- ⊘ 透明胶带
- ⊘ 干净的木块、砖块或其他类似的表面平坦的物体（要有一定的重量）
- ⊘ 凡士林
- ⊘ 笔刷
- ⊘ 白纸
- ⊘ 放大镜
- ⊘ 智能手机或高分辨率的数码相机（可选）

安全提示与注意事项

- ⊘ 关于透明塑料片，可以来自包装盒、文件袋。也可以使用保鲜膜，将几片保鲜膜叠在一起，再裁切成合适的尺寸。
- ⊘ 可以使用刷子或手指将凡士林涂抹在塑料片上。

只需要凡士林和一块塑料片就能测量空气中的颗粒污染。

实验用时：2天

图4： 各种小颗粒会滞留在凡士林中。

实验步骤

1. 切割塑料片，尺寸以木块（或砖块）的大小为准。使用胶带沿边缘将塑料片与底板固定在一起。（图1）

2. 使用笔刷在塑料片的表面涂上1.5毫米厚的凡士林层。（图2）

3. 选择空气流通良好的开放式户外位置。将此传感器直立地放置在安全可靠的、位于高处的水平表面上。

4. 在天气允许的情况下，将传感器放置在同一个地方至少24小时。

5. 收集塑料片，将其从木块（或砖块）上取下，然后放在一张白纸上。用放大镜仔细观察塑料片上凡士林里的颗粒。你看到了什么？（图3）

6. 为你的"传感器"（塑料片）拍摄一张高分辨率的特写照片。放大照片观察，现在你看到了什么？（图4）

图1：将塑料片修剪成合适的尺寸，用胶带 将其固定在加重的底板上。

图2：在塑料片上涂一层薄薄的凡士林。

图3：将塑料片放在白纸上，然后通过放大 镜观察。

 奇思妙想：更进一步

- 制作两个传感器，分别放置在学校 和家里或室内和室外等不同的位 置。比较它们收集的污染物。

- 每三个月在同一地点放置一个传感 器。你是否能从中注意到空气中颗 粒种类的季节性变化？

 科学揭秘

　　颗粒污染物或颗粒物是悬浮在空气中的微小固体或液体。在本实验中，你 制作了一个用来捕捉和观察灰尘、污垢、花粉和灰烬等颗粒的简单工具。

　　颗粒物的主要来源是柴炉或森林火灾以及次要来源，如发电厂和煤火，一 旦它们在空气中释放出气体，就会形成悬浮颗粒。其他来源包括工厂、汽车和 卡车、建筑工地以及植物和树木。

　　吸入颗粒污染物可能对你的健康有害。粗大的颗粒，例如灰尘和花粉，会 刺激你的眼睛、鼻子和喉咙。细小的颗粒，例如石棉和煤尘，会深入你的肺部 并导致更严重的健康问题。

单元 5
恶劣的天气现象

与我们太阳系中的其他行星相比，地球的天气通常比较温和，但偶尔，恶劣的天气现象会在我们的星球表面释放出令人难以置信的"愤怒"。

随着巨大的砧状云在对流层顶（对流层与平流层相遇的地方）变平，雷暴迅速增长。它们用巨大的闪电火花填满天空，燃烧空气并产生"轰隆隆"的雷声。

由于强烈的上升气流使冻结的水滴悬浮在空气中，冰雹在这些云中形成。球形冰块在落到地上之前可以长到高尔夫球般大小，甚至更大。快速旋转的空气漩涡像龙卷风一样延伸到地面，带来破坏。

当大量温暖潮湿的空气上升并开始旋转时，热带海洋上空就会形成飓风（台风等）。这些超级风暴给沿海地区带来了破坏性的大风、大量降雨和巨大的风暴潮。这些水会涨满河流、溪流和湖泊，并导致泥石流，从而改变土地的形状。

在沙漠中，大风将灰尘和沙子吹成巨大的地表云层，让人难以呼吸和看清东西。这些风暴产生的尘埃可以进入大气层并行进数千公里，然后再落回地球。

在本单元的实验中，你将使用自制设备安全地对这些自然现象进行模拟和研究。因为这些自然现象实在太危险了，无法让你亲自体验。我们还是把真实的恶劣天气留给气象学家和风暴追逐者吧！

制造雷声

这款由纸罐和弹簧制成的DIY乐器可以在没有闪电的情况下打雷。

实验用时：1小时

图5：纸罐放大了弹簧的声音。

实验工具和材料

- ⊘ 大的纸罐（直径约13厘米，高约24厘米）
- ⊘ 透明胶带
- ⊘ 小钉子
- ⊘ 纱门弹簧（直径约1.3厘米，长约15厘米）
- ⊘ 钳子
- ⊘ 卷尺
- ⊘ 剪线钳
- ⊘ 胶水
- ⊘ 蜡笔、记号笔和艺术装饰材料（可选）

安全提示与注意事项

- ⊘ 确保纸罐有一个纸板底部。金属或塑料材质的底部不适用于本实验。
- ⊘ 使用钉子以及拉伸、切割弹簧时需要成人的帮助，这需要一点力气。

实验步骤

1. 撕下纸罐上的标签。也可以将纸罐用牛皮纸包裹起来，然后任意装饰。

2. 用一块胶带加厚罐子底部的中心位置。请成人帮忙用小钉子在胶带位置打一个小孔。（图1）

3. 将弹簧的一端压紧几个线圈，然后伸展弹簧的其余部分，让每个线圈之间相距1.3厘米。（图2）

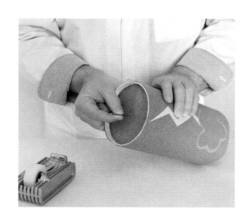

图1：将钉子推入容器底部的中心。

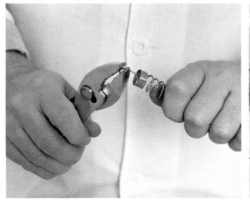

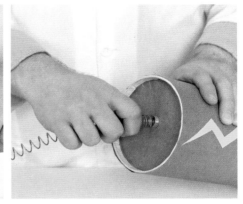

图2：拉伸弹簧，使线圈之间相距一定距离。 　图3：修剪弹簧，在压紧的一端制作出一个钩子。 　图4：将弹簧从孔中拧入后，用胶水将弹簧固定在纸罐底部。

4. 让成人帮忙用剪线钳将弹簧剪成约91厘米长，然后用钳子从压缩端的最后一点弹簧线上弯出一个钩子。（图3）

5. 将这个钩子穿过纸罐底部的孔，然后转动弹簧3次，直到弹簧部分穿到纸板上。在孔附近涂抹少量胶水，将弹簧固定到位。（图4）

6. 摇动你的装置，发出雷声。（图5）

 奇思妙想： 闪电距离迷你实验

光的传播速度比声音快得多。你会立即看到闪电，但可能需要过一会儿才能听到雷声。因此，你可以凭此算出你与雷击之间的距离。

只需计算闪电和雷声之间的秒数（或使用秒表），将此数字乘以344米/秒（即音速），将获得的答案除以1000就是你距离闪电的距离（单位为公里）。

例子：

$$
\begin{array}{r}
7秒 \\
\times \ 344米/秒 \\
\div \ 1000米 \\
\hline
2.4公里
\end{array}
$$

 科学揭秘

雷击发生时，可以提供10亿伏特的电压和高达20万安培的电流。这种强烈的能量加热着空气，空气会迅速膨胀并产生声波冲击波，这就是你听到的雷声。

闪电在撞击地面之前可以在空中传播数公里。当你听雷声时，你首先听到的是由距离你最近的那部分闪电发出的声音，然后是较远的部分发出的声音。一个尖锐的裂声显示有闪电在附近经过，而隆隆雷声意味着它还在几公里之外。

家里的闪电

进行一系列实验，探索静电和闪电的奇迹。

实验工具和材料

- 乳胶气球
- 1块羊毛或其他毛皮
- 荧光灯管
- 铝箔纸盘
- 1块泡沫塑料（聚苯乙烯）
- 带橡皮头的新铅笔（未削过）
- 大头钉

图5：一道闪电可以将其周围的空气加热至27760℃，这大约是太阳表面温度的4倍。

实验用时：30分钟

安全提示与注意事项

- 本实验在干燥空气中实施的效果最佳。这个实验全年都可以进行，但大多数房屋内的空气在冬季时湿度最低。
- 请小心处理荧光灯管。

实验步骤

1. 把气球吹起来，并系好颈口。用羊毛或其他毛皮（或头发）快速擦拭气球。你注意到发生了什么？将气球靠近你的脸。你有什么感觉？（图1）

图1：在头上摩擦气球，让气球带电。

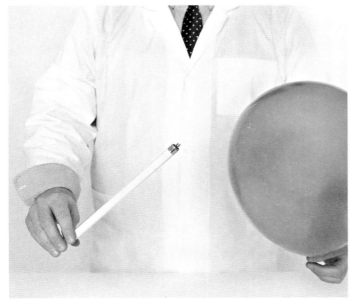

图2： 使用带电的气球使荧光灯管发光。

图3： 用铅笔和大头钉制作铝箔纸盘的把手。

2. 再次摩擦气球。将气球靠在墙上，然后放开。会发生什么？为什么？

3. 关掉房间里的灯，像之前一样摩擦气球几秒钟。将带电的气球靠近荧光灯管的末端。你观察到了什么？怎么才能制造更大的电荷让灯管变得更亮？（图2）

4. 将大头钉从铝箔纸盘底部的中心位置扎入，然后将铅笔的橡皮头按入大头钉中。（图3）

5. 将1块泡沫塑料放在桌子上，用羊毛或其他毛皮用力地擦拭。

（接下页）

 奇思妙想： 嘴里的闪电迷你实验

在一个非常黑暗的房间里，站在镜子前。在保持双唇张开的同时，在牙齿之间咬开一块冬青味硬糖①。你观察到了什么？

科学揭秘：粉碎糖分子会释放电子，激发空气中的氮分子，使它们发出紫外线。冬青口味调味剂含有水杨酸甲酯，它能吸收这种辐射并以蓝光的形式发出，这种现象被称为摩擦发光。

---

① 冬青是一种在寒冷地区缓慢生长的矮小灌木。由于其有着类似薄荷的味道，常被加入口香糖、硬糖中作为调味剂。（编者注）

图4：将泡沫塑料中的电荷转移到铝箔纸盘上，触摸它会感觉到火花。

6. 用铅笔作为把手，拿起铝箔纸盘，放在泡沫塑料上。用手指触摸铝箔纸盘。有什么感觉？你听到什么声音了吗？（图4）

7. 重复步骤2和步骤3，但在再次触摸铝箔纸盘之前，关灯并让房间尽可能地暗一些。当你触摸铝箔纸盘时，看到了什么？

 科学揭秘

当你用羊毛、毛皮或头发摩擦气球时，电子会转移到气球上，使它带上负电荷。这种电荷排斥其他表面上的电子，使它们带正电，并导致气球能粘在物品上。将带电气球靠近荧光灯管会激发灯管内的汞原子，从而发出紫外线，使管中的荧光粉发光。

在雷云中，数以百万计的冰块在空中旋转时相互碰撞。这些碰撞在云中形成电荷，在云中或云与地面之间释放出巨大的闪电火花。

与气球一样，用羊毛或毛皮摩擦泡沫塑料（聚苯乙烯）也会给它带来负电荷。它们被小心地转移到铝箔纸盘上，于是当你触摸盘子时，电流会通过你的身体流向带正电的地面。由此产生一道迷你闪电！

实验33

指尖飓风

实验工具和材料

- 厚纸板
- 圆规
- 剪刀
- 铅笔
- 尺子
- 艺术装饰材料（贴纸、闪粉、颜料）
- 4个小硬币（直径1~2厘米）
- 热熔胶枪和热熔胶棒
- 大头钉
- 圆柱形牙签或竹签
- 咖啡搅拌吸管[①]
- 薄纸板

安全提示与注意事项

- 使用剪刀、小刀、圆规等锋利的工具时，务必小心。
- 对称和平衡对旋转器的形状和重量来说很重要，这样才能确保它自由旋转而不会向一侧倾斜或被卡住。
- 让成人帮忙涂热熔胶、画旋转器形状以及剪断牙签。

使用纸板和硬币等日常材料制作一款流行玩具，用它来模拟旋转的飓风。

实验用时：45分钟

图6：是时候玩玩你的指尖飓风了！

实验步骤

1. 使用圆规在厚纸板上画一个直径9厘米的圆。用剪刀剪下这个圆。

2. 用铅笔和尺子将圆周八等分。从边缘开始，由标记处向内剪出一个弯曲的凹口，以此作为飓风的云带。这是玩具的旋转器部分。（图1）

图1：用厚纸板制作对称的锯片。

（接下页）

① 咖啡搅拌吸管的直径比一般饮料吸管的直径小一些。（编者注）

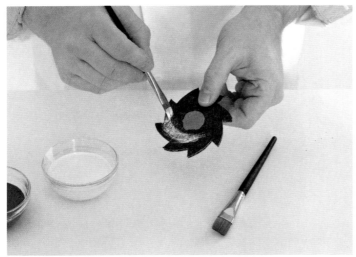

图2: 美化你的旋转器，让它看起来像飓风！

图3: 用硬币给你的旋转器增加一些重量。将硬币粘在旋转器的一面，位于中心圆外侧。

3. 在旋转器上下两面的中间位置各画一个直径2.5厘米的圆。用你最喜欢的方式装饰其中一面，确保你绘制的图案都在中心圆之外。（图2）

4. 在旋转器的另一面，使用热熔胶将4个小硬币以等距的方式固定成正方形，且尽可能靠近中心圆的边缘。从另一面看不到这些硬币。（图3）

5. 使用大头钉在旋转器的中心戳一个孔。用牙签或竹签把孔扩大，直到它与咖啡搅拌吸管的直径相同。

6. 将吸管插入孔中，垂直于旋转器。使用少量热熔胶将其固定在旋转器的两面。待胶水凝固后，将吸管两端修剪至约3毫米长。（图4）

7. 在薄纸板上画两个直径2.5厘米的圆并剪下来。用大头钉在每个圆的圆心打一个孔。

8. 先将旋转器穿到牙签上（牙签穿过旋转器中间的吸管），将小圆纸板穿在牙签两端，将旋转器夹在当中。在每个圆圈和吸管之间留出一点空间（约1.5毫米）。正中间的旋转器应该能自由旋转。

9. 使用少量热熔胶将每个圆圈固定到位，使用剪刀修剪多余的牙签末端。（图5）

10. 待胶水凝固后，拇指和中指捏住较小的圆圈，然后用食指让位于中间的旋转器（飓风）旋转。（图6）

提示：

飓风在北半球逆时针旋转，在南半球顺时针旋转。

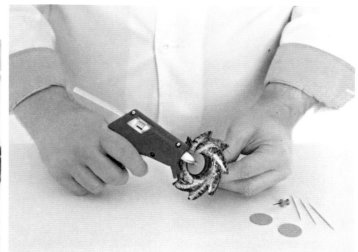

图4：将一根咖啡搅拌吸管热粘到旋转器的中心，然后修剪成合适的尺寸。

图5：将圆纸粘在牙签上并修剪牙签的两端。

奇思妙想： 碗中的飓风迷你实验

用温水装满一个大玻璃碗。用搅拌勺搅拌水并使其流动。在碗中心添加几滴蓝色的食用色素。看着它旋转深入碗中。像云朵一样往碗里喷一点剃须膏。这看起来有多像飓风？

科学揭秘

飓风（等同于台风的一种热带气旋，只是生成活动的区域有差异）在赤道附近温暖的海水上空形成，由旋转的动作、螺旋状的云带和非常明显的中心"眼"所组成。

来自地表的湿热空气向上流动，形成一个低压区域。来自周围气压较高区域的空气被推入其中，这些空气也变得温暖和潮湿，继而上升。随着这种情况的持续发生，周围的空气旋转进入，取代了温暖的上升空气。

在大气层的更高处，温暖的空气开始冷却，水凝结成积雨云带，继而构成风暴。在海洋的热量和从其表面蒸发的水的作用下，整个云和风的系统开始旋转。

冰雹形成模型

使用吹风机和乒乓球来模拟冰雹的形成过程。

实验用时：15分钟

图1： 打开吹风机，让乒乓球在喷出的气流上保持平衡。

实验工具和材料

- ⊙ 乒乓球
- ⊙ 吹风机
- ⊙ 卷筒纸芯
- ⊙ 乳胶气球
- ⊙ 小硬币

安全提示与注意事项

- ⊙ 纸芯的直径应略大于乒乓球的直径。
- ⊙ 始终在成人监护下使用吹风机。

实验步骤

1. 打开吹风机，调至"冷风"模式，并将出风口指向上方。

2. 在吹风机的出风口上方放一个乒乓球，试着让它在气流中保持平衡，这样它就可以在你不拿着它的情况下悬浮在空中。尝试高低档两种气流强度模式。你观察到了什么？哪种气流强度设置的效果最好？（图1）

3. 在乒乓球落下之前，试试你可以将吹风机向一边倾斜至多远。（图2）

4. 垂直握住纸芯，放在球的正下方。会发生什么？为什么？（图3）

图2： 吹风机可以向一边倾斜多远？还能继续用吹风机喷出的气流保持位于上方的球的平衡吗？

图3：将一根纸芯放置在吹风机和球之间，看 图4：让吹风机吹出强气流，试着让气流托住 图5：试着在悬浮的乒乓球上方再放一个气球。
看会发生什么。 两个球。

5. 最后，测试吹风机吹出气流的强度。尝试用气流托住一个以上的乒乓球。观察一下，它们的运动有什么变化？（图4）

奇思妙想：更进一步

■ 将一枚小硬币从颈部推入乳胶气球里，给气球增加一点重量，然后将气球充气至直径约18厘米。把气球放在悬浮着的乒乓球上。你注意到了什么？（图5）

■ 在成人的帮助下，使用浇水软管喷出的水流或吹叶机吹出的气流代替吹风机吹出的气流。在气流或水流中悬停更大更重的物体，例如网球、垒球或沙滩球。哪个物体在哪种流中停留得最好？为什么？

科学揭秘

从吹风机出来的气流移动得非常快，正如你在实验28中所了解的，伯努利原理告诉我们，流动的材料在其移动速度最快的地方施加的压力最低。这意味着来自吹风机的空气的压力低于周围的空气。乒乓球停留在这个移动的空气柱中，因为周围的高压空气在它的四周均匀地推动。当空气将球向上推时，重力会将球向下拉。当所有的力量平衡时，球就会悬停。

当你将纸芯放在乒乓球下方时，空气会流入较小的区域，使其移动得更快。纸芯管道中的压力下降，球被迅速推入纸管内部并穿过，再射向空中。

在非常强烈的雷暴期间，冰冻的水滴从云层中落下，但被强烈的上升气流推回，就像你的乒乓球和吹风机一样。它们遇到其他水滴，这些水滴在它们周围结成一层冰，这便开始形成冰雹。冰雹上升和下降多次，尺寸变得越来越大，直到它们因为太重而无法保持在高处，于是掉到地上。

实验35

瓶中的龙卷风

实验工具和材料

- ◇ 2个塑料瓶（每个容量为2升）
- ◇ 漏斗
- ◇ 水
- ◇ 金属垫圈
- ◇ 热熔胶枪和热熔胶棒
- ◇ 绝缘胶带
- ◇ 管道胶带或其他厚重胶带
- ◇ 小塑料珠（可选）
- ◇ 有色灯油（可选）

安全提示与注意事项

- ◇ 金属垫圈的直径应与塑料瓶口的直径相同，约2.5厘米。垫圈中央的孔可以大一点，直径约1.3厘米。
- ◇ 如果你使用塑料珠，请确保它们能很容易穿过垫圈中央的孔。
- ◇ 灯油会漂浮在水面上，这有助于为龙卷风上色，让龙卷风看起来更加明显。
- ◇ 请成人帮忙涂热熔胶。

用两个塑料瓶和一些水，制作一个模拟龙卷风的玩具。

实验用时：30分钟

图5：旋转瓶子，形成空气、水、灯油和珠子的漩涡。

实验步骤

1. 使用漏斗，将一个塑料瓶装上四分之三的水。如果有的话，可以在其中添加一把小珠子和 $\frac{1}{4}$ 杯（约60毫升）有色灯油。（图1）

2. 用热熔胶将金属垫圈固定在瓶口上。（图2）

3. 在第二个塑料瓶的瓶口涂热熔胶，然后将其倒扣在第一个瓶子的金属垫圈上。使用更多热熔胶，在两个瓶口之间形成良好的密封状态。等待胶水完全凝固。（图3）

图1：将水与灯油、塑料珠一起倒入一个塑料瓶中。

图2：使用薄薄的热熔胶将垫圈固定在瓶口上。　图3：用热熔胶连接第二个瓶子。　图4：用绝缘胶带包裹瓶颈，再用厚重胶带加固。

4. 用一层绝缘胶带包裹瓶口连接处以增加密封性，再用一层管道胶带（或其他厚重胶带）包裹瓶颈以增加牢固度。（图4）

5. 翻转你的装置，并以圆周运动旋转瓶子。你观察到了什么？如果你在瓶里添加了灯油和塑料珠，它们的表现会如何？（图5）

 奇思妙想：你知道吗？

地球上最快的风发生在龙卷风内部，并根据增强的藤田（EF）级数①进行分类，这是一个0~5的评级系统，根据它们造成的损害来估计风速。（图6）

级别	风速	毁坏程度
EF0	105~137 公里/小时	小屋顶、树枝受损
EF1	138~177 公里/小时	破坏窗户
EF2	178~217 公里/小时	屋顶被掀翻，大树损毁
EF3	218~266 公里/小时	房屋受损
EF4	267~322 公里/小时	房屋被夷为平地
EF5	322+ 公里/小时	令人难以置信的伤害

图6：该量表由泰德·藤田（Ted Fujita）于1971年推出，并在2007年提高了准确性。

科学揭秘

龙卷风是在雷暴中诞生的，当高空的强风在其下方较慢的空气中旋转并翻滚时，龙卷风就出现了。强烈而温暖的上升气流推动这个水平旋转的空气圆柱体并将其倾斜到垂直方向。向下的冷气流将形成的漏斗推向地面，形成一个涡流，当它从下方拉起暖空气时，漩涡就会被拉长。想要被称为龙卷风，这个漩涡必须接触地面，它可以行进数公里并造成难以置信的破坏。

以圆周运动旋转瓶子，会在瓶子内部产生漩涡。这使得空气更容易从底部通过瓶子颈部，再流入顶部另一个瓶子，而水（以及灯油和塑料珠）则围绕在边缘旋转流出。

① 藤田级数是一个用来量度龙卷风强度的标准，由泰德·藤田于1971年提出，2007年以后，美国气象部门开始采用改良的藤田级数为龙卷风划分等级。中国制定并采用符合自身特点的龙卷风强度等级标准。（编者注）

实验36

模拟滑坡

实验工具和材料

- 2个牛奶盒或果汁盒（每个容量为2升）
- 胶带或订书机（可选）
- 剪刀
- 沙子
- 盆栽土
- 鞋盒或类似长宽的容器
- 记号笔
- 水
- 喷雾瓶

安全提示与注意事项

- 确保你使用的纸盒是非常干净的。
- 请成人帮忙裁剪。
- 鞋盒或容器应该足够大，可以容纳两个纸盒竖着放入。

使用回收的纸盒和土来进行滑坡实验。

实验用时：30分钟

图6：大雨后的山体滑坡。

实验步骤

1. 将盒盖保留在纸盒上（如果有的话），或确保顶部折叠的口盖用胶带或订书钉牢牢闭合。从每个纸盒上剪下一个侧面后作为"滑坡托盘"。（图1）

2. 用土填充一个纸盒，直至5厘米高。用喷雾瓶将土喷湿，这样当你倾斜纸盒时，盒内的土会保持在原位。在第二个纸盒中装沙子，直至5厘米高，并喷水。（图2）

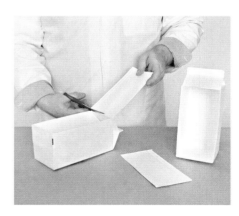

图1：切割纸箱以制作滑坡托盘。

图2： 一个纸盒装满土，另一个纸盒装满沙子。
　　　适当加一点水以保持盒内材料稳定。

图3： 在鞋盒中以斜对角的方式放入两个纸盒。

图4： 在每个纸盒上画一个滑坡标记。

图5： 在土和沙子上喷水，直到它们都降
　　　至标记以下。

3. 将一个纸盒以陡峭的角度靠在鞋盒或容器的长边上。以相同的方式放置另一个纸盒，靠在容器的另一条长边上，这样放置纸盒就不会翻倒。（图3）

4. 在每个纸盒顶部下方2.5厘米处画一条线。当土或沙子移动到这条线以下时，即被视为"山体滑坡"。（图4）

5. 开始在每个纸盒的顶部喷水。计算直到每个纸盒中的材料低于该线所需的喷洒次数。你认为哪个纸盒里的材料会先滑下去？（图5）

 奇思妙想：更进一步

■ 你可以在土或沙子中插入什么东西来减缓或防止滑坡？

■ 在实验前后称量你的喷雾瓶。这将告诉你需要多少水才能导致"山体滑坡"。

 科学揭秘

　　虽然山体滑坡本身不是天气现象，但它通常是极端天气造成的结果，例如短时间内在一个地方大量降水。山体滑坡还可以揭示人类活动如何破坏了土地有效吸收径流的自然能力。

　　山体滑坡的可能性，无论大小，取决于斜坡的陡峭程度、土壤或沙子的类型，以及其中是否有植物生长。植物能够吸收水分并减少渗透，即水从地表进入地下的运动，缺少植物会降低土壤的稳定性，导致土壤滑动。

实验37

沙尘暴风洞

用沙子、糖粉和吹风机做实验，了解沙尘暴是如何形成的。

图5：壮观的沙尘暴正面袭击苏丹的喀土穆。

实验工具和材料

- ⟩ 护目镜
- ⟩ 2~3个相同尺寸的大纸板箱
- ⟩ 美工刀
- ⟩ 胶带
- ⟩ 电吹风
- ⟩ 沙子
- ⟩ 糖粉
- ⟩ 簸箕和刷子（或小扫帚）
- ⟩ 黑纸或黑色颜料及画笔（可选）

安全提示与注意事项

- ⟩ 这是一个相当大且凌乱的装置，最好在成人的协助下完成，可以在室外、车库或地下室进行，实验后打扫干净。
- ⟩ 美工刀非常锋利，切割步骤请成人帮忙完成。
- ⟩ 做实验时，始终佩戴安全护目镜，以保护你的眼睛免受飞溅的沙粒和糖粉的伤害。

实验用时：2小时

实验步骤

1. 用胶带将纸板箱重新粘成一个长方形，长1.5~2.4米，一端打开，另一端关闭。使用美工刀切掉整个顶部，这样就可以看到你创建的"风洞"。（图1）

2. 本步骤是可选的，但为了更容易看到你将要制造出的沙尘暴，可以用黑纸将洞完全覆盖或用黑色颜料涂满纸箱内部。（图2）

3. 在风洞的开口处放置一小堆沙子。将吹风机调至高档，吹向沙子。沙

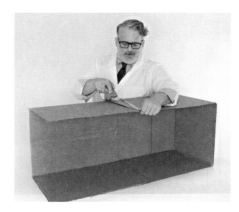

图1：使用盒子制作一个顶部开口的长纸板风洞。

图2：黑色的风洞更容易看到实验效果。

图3：将吹风机的气流引导到沙堆上。

图4：将两种材料混合在一起，可以形成更明显的尘埃云。

子的表现如何？它移动了多远？（图3）

4. 清理风洞，用糖粉尝试同样的操作。你观察到了什么？有灰尘似的云雾出现吗？

5. 将沙子和糖粉以1:1的比例混合，然后在风洞的开口处放一堆。像之前一样打开吹风机对着吹，看看会发生什么。你制造出沙尘暴了吗？为什么？效果如何？（图4）

奇思妙想： 瓶中沙尘暴迷你实验

将大约30毫升的透明胶水倒入一个可回收的、透明的塑料瓶（约500~600毫升）中，然后加温水至四分之三处。盖上瓶盖并摇晃，直到完全混合。在溶液中加入1~2汤匙（约15~30毫升）水溶性的金色金属颜料或珠光颜料，并再次加水。拧紧盖子，摇晃和旋转瓶子。看看你制造的沙尘暴效果如何！

科学揭秘

在非常干燥的地区，突然下雨可能会引发沙尘暴。由于天气炎热和干燥，雨滴在落地之前就蒸发了。这使得空气变冷，空气变得更稠密并迅速下降。当这种空气撞击地面时，它会反弹回来，并携带灰尘颗粒。

沙粒是圆形的，像飞机机翼一样被风吹起。它们在被称为跃移的过程中从沙地表面跃入空中。这些沙粒撞击地表并使其他颗粒松动，这些颗粒被提升到大气中并通过悬浮进行长距离移动（如第82页上的图所示）。

在本实验中，没有足够的力来保持沙子悬浮，因此吹风机的移动空气将沙子吹起来并迅速将沙子堆积在很近的地方。糖粉会结块并粘在一起，因此几乎不会产生灰尘。但是你将沙子和糖粉混合在一起后，沙粒会撞击糖粉，将非常小的混合糖粒带入空气中，被吹风机搅动成一团云。

单元 6
冰天雪地

在地球上，冷空气和下雪天气主要发生在两极及其附近，雪在那里堆积并被压缩形成冰盖、冰原和冰川。下雪也发生在两个半球各自的温带大陆性气候区的冬季。

当你向更高的海拔移动时，温度会显著下降，所以寒冷的天气也会发生在更高的海拔区域。最高的山峰，如珠穆朗玛峰和乔戈里峰（又称K2），全年都有积雪，山顶的温度从未超过冰点。

到了晚上，沙漠也会经历冰冻的温度，因为空气中几乎没有水蒸气来吸收热量。但是，出于同样的原因，沙漠很少会下雪。如果你住的地方很少下雪，也不用担心。在本单元里，有很多做实验的机会。你将从了解冰的特殊性质以及水如何从液体冻结成六面晶体的知识开始。然后，你将使用可回收的包装材料制作雪花模型。

你将制作外观和感觉都与真雪相似的假雪，并在自制的雪景瓶内模拟暴风雪。你将混合一批特殊溶液，制造出气泡并将它们冷冻在厨房冰箱中。在本单元的结尾，你将用冰和盐对水进行过冷，在将它们倒在冰块上时，观察到它立即冻结的现象！

自制雪量计

图4: 确保你的雪量计尽可能直立在雪地中。

将尺子变成测量积雪量的简单工具。

实验用时：1小时

实验工具和材料

- 直尺或米尺（1米长）
- 长竹签
- 木工用白胶
- 白色颜料
- 画刷
- 卷尺或第二把直尺
- 永久性记号笔
- 泡沫板
- 丝带
- 剪刀
- 珠子、眼睛贴片和其他艺术装饰材料
- 热熔胶枪和热熔胶棒

安全提示与注意事项

- 请成人帮忙把杆子粘到尺子上，然后把量杆插在地上。
- 与往常一样，使用热熔胶时要万分小心。

实验步骤

1. 将两根长竹签沿边缘放在尺子的背面，伸出尺子末端约10厘米，用木工白胶粘贴固定。等待白胶干透。（图1）

2. 给整个物件上色，根据需要尽可能多刷几层（至少刷两层），以覆盖木头表面和上面的文字。等待颜料完全干透。

3. 使用卷尺或第二把尺子，用永久性记号笔在白色物件上标记相隔1厘米的测量值，添加数字编号。（图2）

4. 从泡沫板上剪下组成雪人所需的所有形状：身体、手臂、鼻子和帽子。用一条丝带做围巾，用眼睛贴片做眼珠，用珠子做嘴巴和衣服纽扣。使用热熔胶，制作你的雪人，然后将它粘贴到白色新尺的顶部。（图3）

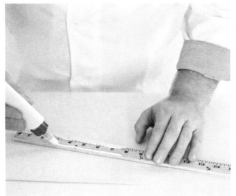 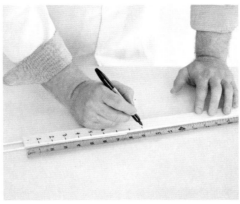 

图1： 用白胶将长竹签固定到尺子的一端。　图2： 在已上色的尺子上重新标记测量单位值　图3： 用泡沫板、装饰材料和热熔胶制作雪人造型。

5. 选择一处开放的水平区域。将白尺上的串杆（两根长竹签）直接插入地里，使白尺底部与地面齐平。（图4）

6. 下雪时，用此装置测量降雪的总降雪量，也可以用一段时间（若干小时）开始和结束时的积雪量差异来测量降雪量。

 奇思妙想： 观察雪的迷你实验

　　要获得更准确的数值，可以制作两个或三个装置，将它们放在不同的位置，取这些测量值的平均值。想一想，哪些因素可能造成数值之间的差异？

 科学揭秘

　　气象学家使用仪器来测量降雪量（实际是降水量），但他们的设备比尺子要先进一点。科学的雪量计由两部分组成：顶部的漏斗式雪量仪和下方用于容纳雪的铜容器。

　　收集雪后，将容器取出并更换为新容器。然后雪在容器中融化，再把雪水倒入玻璃量筒中。因为雪会根据它的湿润程度或密度而占据不同的空间，将其融化成液态水后可以更准确地测量。虽然雪的深度通常以厘米为单位进行测量，但融化的雪以毫米为单位来报告。

实验39

雪里有什么

用咖啡滤纸过滤融化的雪，以此了解冻结降水中的污染。

实验用时：30分钟

图5：刚落下的雪看起来干净而洁白，但其中可能含有数十亿个微小的灰尘颗粒和其他污染物。

实验工具和材料

- ⊘ 3~4个塑料容器
- ⊘ 雪
- ⊘ 量杯
- ⊘ 永久性记号笔
- ⊘ 纸胶带
- ⊘ 咖啡滤纸
- ⊘ 漏斗
- ⊘ 罐子或瓶子（容量为1升）
- ⊘ 蜡纸
- ⊘ 烤盘
- ⊘ 放大镜
- ⊘ 微波炉（可选）

安全提示与注意事项

- ⊘ 本实验需要采集雪，可以使用容量为1升的食品容器、切掉顶部的塑料瓶或其他类似的东西。
- ⊘ 使用微波炉等热源时，务必请成人帮忙。

实验步骤

1. 从居住地附近的不同区域采集雪样。使用量杯从每个位置获取等量的雪，再倒入塑料容器中。（图1）

2. 使用纸胶带和记号笔，在每个容器上贴标签，标注采集位置，然后将容器拿进室内。（图2）

3. 让雪在室温下完全融化，或者通过将每个容器放入微波炉中加热30秒来加速加热的过程。如果是用微波炉加热，请确保使用的容器是可以放进微波炉的。（图3）

图1：使用量杯采集雪样。

图2：在容器上标记雪样采集的位置。　图3：让雪样在容器里融化成水。　图4：用漏斗和做了位置标记的咖啡滤纸制成过滤装置。

4. 为每个样品准备一张咖啡滤纸。用永久性记号笔在每张滤纸的边缘处写上收集雪样的位置。

5. 将漏斗放入罐子或瓶子里，将一张滤纸放入漏斗中。（图4）

6. 将一杯雪样中的水尽数倒入带有相应位置标记的滤纸中。每倒一杯雪样就换一张滤纸，两杯的采集位置标记一致。

7. 倒完一杯雪样后取下滤纸，将其正面朝上放在垫了蜡纸的烤盘上。对所有雪样品执行同样操作。

8. 等待滤纸不受干扰地完全干燥。然后，用放大镜观察每一张滤纸。你看到了什么？哪些雪样有更多的污染物？

奇思妙想： 更进一步

■ 使用你在实验22（第66页）中用紫甘蓝汁制成的pH试纸，测试每个雪样中水的酸碱性（pH值）。你发现了什么？

■ 如何查看雪样中是否溶解了盐？参考实验13（第44页）以获得一些启发。

科学揭秘

　　每一片雪花都是从一小块灰尘或污垢周围形成的微小冰晶开始的，这个过程被称为凝结。当云中的过冷水蒸气以冰晶的形式沉积在飘浮于空气中的颗粒上时，就会发生这种过程，从而跳过物质的液相。

　　酸雪是酸雨的冰冻版本。两者都受到燃烧化石燃料所产生的二氧化硫和氮氧化物气体的污染。你可能还会在你采集的一个或多个雪样中发现盐分，因为盐在冬天常被用于融化冰雪，通常在暴风雪前会将盐撒在道路、人行道和楼梯上。

雪花手工

实验工具和材料

- 六件装塑料环①（每片"雪花"由12个这种塑料环组成）
- 透明胶带或订书机
- 细绳或麻绳
- 剪刀

安全提示与注意事项

- 收集六件装塑料环。②
- 你可能需要成人的帮助来拉紧绳子并系一个牢固的结。

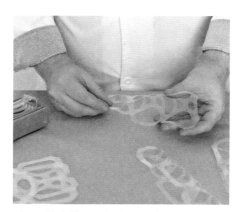

图1：将塑料环沿长边纵向对折，两端用胶带固定。

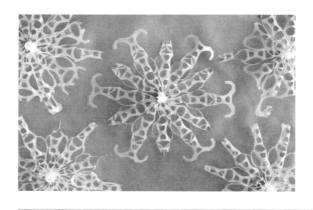

使用六件装塑环环制作一个大号的雪花造型。

实验用时：30分钟

图6：修剪每组里塑料环"手臂"的末端，以获得6长6短的雪花造型。

实验步骤

1. 将塑料环纵向对折，将重合的两个窄边端用胶带固定在一起。（图1）

2. 制作12个作为一组（一片雪花用），用胶带或订书机将每个长片的中间处与其他片相连。注意长片本身只有两端是固定在一起的，中间部位可拉开。（图2）

3. 用一根细绳或麻绳穿过一组12片长

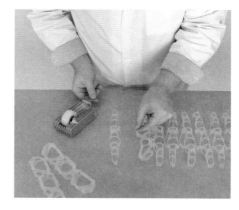

图2：使用胶带将一组12个纵向折叠的塑料环的中间部位连接起来。

① 六件装塑料环是一组相互连接的塑料环（如右图所示），用于多件装（特别是六件装）饮料罐包装。（编者注）

② 可以尝试用现成的六连格塑料杯托或六连格月饼塑料托替代六件装塑料环，只要材质柔软可折叠，且能获取若干同一规格的材料即可。也可以用剪纸的方式剪出若干如脚注①中图案的纸环来使用。（编者注）

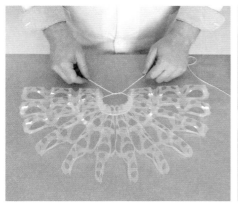 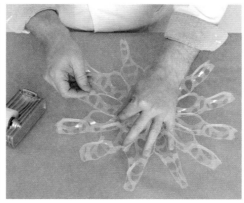 

图3：用一根细绳穿过底部环并收紧，作为雪花的中心。

图4：用胶带固定左右相邻的长片，确保每个长片的中间部位是拉开的。

图5：再次用绳子穿过雪花中心的环并拉紧，让雪花保持放射状。

条的底部环。用结将系紧。（图3）

4. 将这组长片中最外缘的两长片的中心部位连接起来，如步骤2所示，完成雪花造型。（图4）

5. 用另一根细绳再次穿过雪花造型靠近中央的每个小环，用结系紧。（图5）

6. 根据需要，以每隔一组的方式对长片的末端进行裁剪。然后用绳子或麻绳悬挂你的雪花。（图6）

 奇思妙想： 雪花观察迷你实验

在暴风雪期间，在深色纸或织物上捕捉若干单片雪花，仔细观察。使用放大镜近距离地观察或使用智能手机、数码相机拍摄高分辨率的特写照片。注意观察：单片雪花有哪些特点？

 科学揭秘

雪花有六个面，因为当水结冰时，分子排列成对称的六边形（六面）晶体。由于这种空间结构，冰的密度低于液态水。

最常见的是，雪花形成扁平的六角形，称为板。如果湿度很高，就会发生分枝并形成枝晶，生长、扩散后形成星状图案。薄片还可以根据温度和湿度形成柱状或针状。

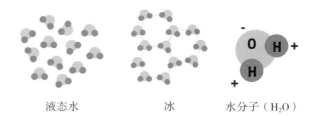

液态水　　　　　冰　　　　　水分子（H_2O）

实验41

制造雪景瓶

在回收利用的瓶子里制造亮闪闪的暴风雪。

实验用时：30分钟

图5：摇动瓶子，让瓶子里下雪！

实验工具和材料

- ⊙ 干净的透明瓶子（带盖子）
- ⊙ 塑料、玻璃或金属材质的装饰品或小雕像
- ⊙ 热熔胶枪和热熔胶棒
- ⊙ 量杯
- ⊙ 透明胶水
- ⊙ 温水
- ⊙ 勺子
- ⊙ 闪粉（白色、银色或蓝色）
- ⊙ 量匙

安全提示与注意事项

- ⊙ 选择最不容易分解或溶解在水中的装饰品或小雕像。
- ⊙ 在水槽附近或上方进行本实验，也可以用报纸或纸巾保护你的工作台面，吸收溢出的溶液。
- ⊙ 一定要很好地密封你的雪球，以免发生泄漏。

实验步骤

1. 在成人的帮助下，使用热熔胶将装饰品或小雕像粘在瓶盖的内侧，为你的小世界创造场景。等待胶水完全干透。（图1）

2. 在瓶子中加入约60毫升透明胶水，再加入足够的水使其达到容器的三分之二。用勺子将水和胶水充分混合。

3. 在瓶子里加入2匙闪粉，搅拌到水胶混合物中。（图2）

图1：设计一个冬天的场景，用热熔胶把相关物件粘在盖子的内侧。

图2：将闪粉混合到水和胶水的溶液中。　　图3：测试水位并根据需要倒出或添加水。　　图4：用热熔胶将瓶子与盖子密封。

4. 将盖子盖在瓶子上，场景向下，浸入水、胶和闪粉混合物中。添加或倒出容器中的水，直到瓶子装满且盖子打开时里面没有任何空气。（图3）

5. 确定最终水量后，取下盖子。清洁并擦干瓶子的边缘、螺纹和侧面，同样清洁并擦干盖子上的螺纹。

6. 在瓶子的螺纹口上涂一层热熔胶，快速地盖上盖子。确保盖子密封严实。（图4）

7. 摇动你的雪景瓶，看看你创造的冬天雪景！（图5）

 奇思妙想：你知道吗？

　　在暴风雪中出现的雷电被称为"雷雪"。温暖潮湿的空气向上运动增加了雪的形成，并在云层中造成足够的电荷分离，从而产生雷电。雷雪往往伴随有非常大的降雪，降雪量可达到每小时5~7.5厘米积雪厚度。

 科学揭秘

　　摇动你的雪景瓶，你便在瓶子里制造出了一场小小的暴风雪。在真实世界里，当一团温暖的空气与一团非常冷的空气碰撞时，就会发生真正的暴风雪。冷空气向下切，暖空气向上升，便形成大量的雪。这种气团的碰撞也会产生高速风。

　　要正式成为暴风雪，必须满足以下三个条件：

- 持续大风或时速56公里/小时以上的频繁阵风；
- 大量落雪、吹雪和飘雪，能见度降低到400米以下；
- 超长持续时间，通常为3小时以上。

实验42

人造雪

实验工具和材料

- ⊙ 一次性尿不湿（小号）
- ⊙ 剪刀
- ⊙ 大号托盘（玻璃或塑料材质）
- ⊙ 量杯
- ⊙ 水
- ⊙ 冬季动物、树木的摆件和其他小玩具（可选）

安全提示与注意事项

- ⊙ 如果"雪花"颗粒太大，请成人帮忙在搅拌机中加入定型凝胶（头发用）以达到所需的稠度。

使用非常规但现成的材料来制作人造雪。

实验用时：15分钟

图5： 这款自制人造雪是白色的、潮湿的、蓬松的，摸起来很凉爽。它也是无毒且可重复使用的。

实验步骤

1. 用剪刀剪开一次性尿不湿的底部。（图1）

2. 小心地剥下看起来像棉花的白色蓬松的材料，然后把它们放在托盘里。（图2）

3. 加入 $\frac{1}{4}$ 杯（约60毫升）水。可以使用量杯来查看这种材料可以吸收多少水。（提示：很多水！）你注意到了什么？白色的材料应该开始变湿，变成糊状。（图3）

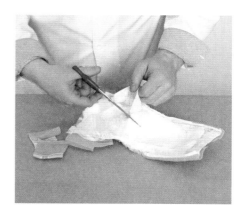

图1： 剪开一个尿不湿。

图2：取出尿不湿中蓬松的材料。

图3：用水逐渐润湿棉状材料。

图4：用手指掰碎湿绒毛团块。

4. 用你的手揉碎托盘中的混合物，会感觉有点湿和黏糊糊的。这就是你做出的"雪"。（图4）

5. 将"雪"放入冰箱15~30分钟，使其变得更冷。取出后，在上面放置动物、树木的摆件或其他小玩具，打造出有趣的冬季场景。（图5）

6. 用完这些人造雪后，不能把它直接冲进下水道或马桶，它会堵塞你的管道！打包好再扔掉它。

奇思妙想： 人造雪2号迷你实验

可以用 $\frac{1}{4}$ 杯（约60毫升）白色护发素和1.5杯（约330克）小苏打制作另一种人造雪。用勺子或你的手将这两种物质混合在一起，直到混合物结块并形成不会碎裂的雪球。根据需要，可以添加更多的护发素或小苏打。

科学揭秘

你使用尿不湿制造的人造雪，含有一种称为聚丙烯酸钠（sodium polyacrylate）的常见聚合物，这是一种丙烯酸钠盐，化学式为 $[-CH_2-CH(CO_2Na)-]_n$，其中n是链中盐分子的单元数。

这种材料具有超强吸水性，能够吸收100~1000倍于自身重量的水。作为人造雪，它是无毒的，摸起来很凉爽，可以持续数天，看起来与真雪相似。但有一点与真雪不同，它不会融化！也绝对不能吃它！

冰冻气泡

实验工具和材料

- ⊙ 水
- ⊙ 玉米糖浆
- ⊙ 洗洁精
- ⊙ 白砂糖
- ⊙ 碗
- ⊙ 搅拌匙
- ⊙ 玻璃罐（带盖）
- ⊙ 塑料吸管
- ⊙ 金属平底锅或托盘（可选）
- ⊙ 可挤压软瓶（可选）
- ⊙ 胶带（可选）

安全提示与注意事项

- ⊙ 当室外温度非常低时才能实施本实验，大约需要−12℃或更冷。请采取适当的预防措施以免被冻伤。
- ⊙ 如果操作不小心，混合溶液会因为与糖混合而变得黏稠。一定要在附近放些清洁用品以便及时清理。
- ⊙ 洗洁精应该是常规浓度的，而非浓缩类型。

图5：当冰晶出现时，你的气泡开始结冰！

将水、玉米糖浆、洗洁精和糖混合在一起，制作冰冻气泡。

实验用时：1小时

实验步骤

1. 在一个碗中，将1杯（约235毫升）温水、2汤匙（约30毫升）玉米糖浆和洗洁精混合在一起。再加入2汤匙（约25克）白砂糖，搅拌。（图1）

2. 将混合溶液倒入玻璃罐中，放在室外或冰箱中冷却30分钟以降低温度。30分钟后，再次搅拌溶液。（图2）

3. 在户外找一处很冷、有纹理的金属表面，也可以使用金属材质的平底锅、托盘，用吸管蘸取罐中的溶液在上面吹泡泡。

图1：把所有东西装在一个碗里搅拌混合。

图2： 溶液越冷越有助于产生的气泡更快地 冻结。

图3： 使用吸管而不是标准的吹泡泡玩具吹出 泡泡，可以避免一下子吹出太多泡泡。

图4： 将吸管粘在可挤压的软瓶上，用它吹 泡泡。

4. 不要使用从商店购买的吹泡泡玩具，而是用普通吸管和自身呼吸来吹泡泡。这 样做可以更精准地控制泡泡形成的位置和大小。（图3）

5. 可以用一点胶带，把吸管固定在一个可挤压的软瓶上，然后用它来吹泡泡。这 样可以防止你呼吸的温度干扰气泡的冻结。（图4）

6. 即使在完美的天气条件下，你吹出的许多气泡也会在结冰之前破裂。请保持耐 心并继续尝试。当气泡确实冻结时，快速拍下它的照片。如果能将冰晶形成的 过程拍摄下来，就更好了！（图5）

 奇思妙想： 厨房里的冰冻气泡迷你实验

　　将一个小号金属托盘放入冰箱10分钟。在托盘中心倒一点非常冷的泡泡溶液 （如本实验中的溶液），然后用吸管插入溶液中吹出一个气泡。一旦气泡粘住，轻 轻地将托盘放回冰箱。5分钟后，检查你的气泡。当它看起来结霜时，小心地将它 从冰箱中取出并仔细观察。如果气泡破了，就再试一次。

 科学揭秘

　　气泡由三层组成——一层薄薄 的水夹在两层薄薄的肥皂之间。当 气泡结冰时，看起来整个表面都在 凝固，实际上只是最内层的水在肥 皂膜中变成了冰。

　　在你制作的泡泡混合溶液中， 玉米糖浆为其增加了稠度，从而稳 定了气泡，而糖则提供了加速冷冻 过程的微观晶种。这些物质还会降 低水的冰点，这就是为什么温度必 须如此之低才能形成冰冻气泡。

实验44

过冷水

实验用时：30分钟

图3：过冷水与冰接触时会立即结冰。

实验工具和材料

- 玻璃杯
- 蒸馏水
- 量匙
- 大碗
- 冰块
- 海盐
- 小碟子

安全提示与注意事项

- 一定要在本实验中使用蒸馏水。你可以在杂货店或药店找到它。由于矿泉水或自来水中溶解了杂质，因此无法很好地呈现本实验的效果。
- 确保你使用的玻璃杯非常干净。事先用蒸馏水冲洗以确保绝对的干净，然后再来做实验。

实验步骤

1. 将 $\frac{1}{4}$ 杯（约60毫升）蒸馏水倒入非常干净的玻璃杯中。

2. 把杯子塞进一个装满冰块的大碗里。（图1）

3. 将大约36克盐撒在冰块上，确保不要让任何盐进入水杯中。（图2）

4. 把玻璃杯放置在冰块和盐的混合物中20~25分钟。

5. 从冰箱里拿出一块新鲜的冰块，放在小碟子里。小心地将玻璃杯从冰碗中取出，将过冷水倒在小碟子里的冰块上。（图3）

小提示：

搅动、微小的冰晶，甚至是灰尘，都会在你倒出过冷水之前将其冻结。如果发生这种情况，请从清洁设备开始重新做，再次尝试实验。

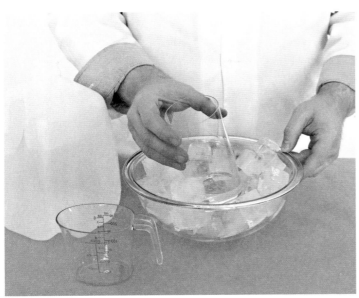

图1：大碗中冰块的高度应高于玻璃杯中水的高度。

图2：在冰块中加入盐，开始过冷。

 奇思妙想： 袋装冰激凌迷你实验

- 混合1杯（约5毫升）半奶油（由等量的全脂牛奶和淡奶油混合而成）、1.5匙（约7.5毫升）香草精和1汤匙（约13克）糖放入自封塑料袋（容量为1升）中。从袋子中挤出多余的空气，密封牢固，然后再封入第二个自封袋中。

- 接下来，在一个自封塑料袋（3.8升）中装满冰块，并加入$\frac{1}{4}$杯（约60克）海盐。把小袋子放在大袋子里，用多余的冰块填满剩余的空间，然后密封。戴上普通手套或烘焙手套，摇晃袋子6分钟。把小袋子取出来，用冷水冲洗袋子外侧，把所有的盐都洗掉。小心地打开小袋子，用勺子搅拌和软化袋里的冰激凌。把冰激凌从袋子里舀出来，享受美味吧！

 科学揭秘

过冷是将液体或气体的温度降低至其冰点以下而不变成固体的过程。发生这种现象是因为没有可以形成晶体结构的晶种或晶核。

盐会降低水的冰点，它会融化冰并将其转化为相同温度的盐水。虽然来自冰箱的-18℃的冰仍然会因为盐分而融化，但它的温度不会像普通融化的冰水那样升高到0℃，相反，盐会将其（凝点）变成-18℃的水。这会产生一种远低于冰点的咸浆，可以用这种原理使水过冷、制作冰激凌或快速冷却饮料。

单元 7
气候危机

气候变化是真实的。地球正在变暖，从而提高海平面、加剧恶劣天气程度并破坏生态系统，人类活动也在其中起了一定作用。虽然为控制气候危机而需要做出的大部分改变，是政府和大公司的责任，但作为全球公民，我们也可以做一些事情来参与解决方案。

了解更多信息并向他人传授有关气候变化的知识。尽可能通过乘坐公共交通工具、步行或骑自行车来减少能源消耗。在家中安装节能灯泡和电器，不使用时将其关闭或拔掉插头。

减少使用、再利用和回收，当你购物时，尽量购买当地的商品，尤其是食物。吃你买的食物，尽可能少地浪费。支持可持续能源，例如风能和太阳能，因为我们最终会耗尽化石燃料，燃烧它们会向大气中释放二氧化碳和污染物。

在本单元中，你将从了解全球变暖和温室气体的力量开始。你将把一件T恤变成一个袋子，并制作自己的再生纸，从而减少浪费并重复使用日常用品。你还将自制一个简单的堆肥装置，将蔬菜残渣转化为植物的肥沃土壤。

你将在干旱和洪水条件下试验种子生长，并模拟极地冰冠的融化。最后，你将通过制造风力涡轮机来自己发电。在此过程中，一定要寻找机会为应对气候变化做出自己的贡献。

自制二氧化碳灭火器

实验工具和材料

- ⟩ 大玻璃罐
- ⟩ 量匙
- ⟩ 白醋
- ⟩ 火柴或打火机
- ⟩ 小蜡烛
- ⟩ 长而窄的纸条
- ⟩ 小苏打
- ⟩ 大碗或高边盘子
- ⟩ 苏打水

安全提示与注意事项

- ⟩ 玻璃罐应该有约1升的容量。
- ⟩ 本实验使用火柴或打火机点火，需要成人在一旁监护。

混合醋和小苏打，以此了解温室气体的所有特性。

实验用时：20分钟

图4：将二氧化碳气体经由纸槽并倒入小蜡烛的火焰中。

实验步骤

1. 将白醋（约75毫升）倒入玻璃罐中。（图1）

2. 让成人帮忙使用火柴或打火机点燃小蜡烛的烛芯。同时，将一张纸条纵向对折，形成一个斜槽。（图2）

3. 在醋中加入小苏打（约7克）。混合物会迅速起泡，发生强烈的化学反应并释放出二氧化碳气体。（图3）

图1：在1升容量的玻璃罐里加入白醋。

图2： 小心地点燃蜡烛并用纸折出斜槽。　　图3： 将小苏打和白醋混合以引起反应。　　图5： 在碗底点燃一支蜡烛。将苏打水倒在
　　蜡烛周围。

4. 快速但小心地将气体经由纸槽引向蜡烛。一定不要倒出任何罐内的白醋或小苏打。你观察到了什么？（图4）

5. 尝试本实验的另一个版本：将小蜡烛放在大碗或高边盘子的底部，让成人帮忙点燃它。

6. 小心地将苏打水（含有溶解的二氧化碳）倒在蜡烛周围，确保不要让灯芯碰到任何东西。你观察到了什么？（图5）

奇思妙想： 冰冻二氧化碳迷你实验

让成人帮忙拿一些冷冻二氧化碳（又称为"干冰"），处理时要小心并戴上防护眼镜和手套。将一个高罐子或玻璃杯装上一半的水，然后往里面添加一块干冰。会发生什么？再在水中加入大约5毫升洗洁精，又会发生什么？

科学揭秘

火焰需要氧气来维持燃烧。如果氧气被切断或换成别的东西，火焰就会熄灭。二氧化碳比空气重，所以当你把它从玻璃罐里倒出来时，它会顺着斜槽流向蜡烛，然后停留在你倒进碗里的苏打水的表面。在这两种情况下，它都会置换氧气并熄灭火焰。

二氧化碳是我们大气层的重要组成部分，因为它非常擅长将来自太阳的热量维持在地球表面。但是，当它过多时，会吸收过多的热量并导致全球变暖。

实验46

玻璃罐盆栽

在玻璃容器中种植一个小花园，了解温室效应。

实验用时：45分钟

图5： 一个种有多肉植物的完整玻璃罐盆栽。

实验工具和材料

- ⊘ 透明玻璃容器（最好带盖子）
- ⊘ 鹅卵石或小石子
- ⊘ 活性炭
- ⊘ 盆栽土
- ⊘ 不同颜色和形状的小植物和苔藓
- ⊘ 水
- ⊘ 喷雾瓶（可选）
- ⊘ 装饰材料，如岩石、水晶和贝壳（可选）

安全提示与注意事项

- ⊘ 确保玻璃容器经过彻底清洁。
- ⊘ 确保选择的小植物（如多肉植物）不会长得太快或因变得太大而无法被容纳在容器里。
- ⊘ 用喷雾瓶为植物补充水分是一种很好的方法，同时也能防止过度浇水。

实验步骤

1. 在玻璃容器的底部堆叠出2.5厘米高的石头层。（图1）

2. 在石头层上铺1厘米厚的活性炭层。（图2）

3. 用盆栽土将容器装上一半。（图3）

4. 将你挑选的小植物和苔藓种植进容器里。要小心地分离植物根部以去除它们自身携带着的土壤。安排植物的种植位置，为它们各自的生长留出空间。种植后轻拍土壤以压实。（图4）

图1： 铺上一层石子有助于排水并防止植物根部腐烂。

图2：经活性炭过滤的水可以防止霉变。　　图3：用一层盆栽土完成容器内的地面构造。　　图4：将你的植物隔开种植，让它们有各自生长的空间。

5. 给植物浇水，将盆栽置于间接光照下。如果有装饰材料，可以往里添加一些，盖上容器的盖子。

6. 在接下来的几天、几周和几个月内观察你的玻璃罐盆栽。你注意到容器内植物的生长和环境出现了哪些方面的变化？（图5）

提示：

如果你在封闭的玻璃容器内看到过多的冷凝水，请每隔几天取下盖子，让容器内部变得干燥一点。

奇思妙想： 温室效应迷你实验

将2杯（约475毫升）冷水倒入两个相同的玻璃瓶中。在每个瓶子里放入等量的冰块并搅拌。测量并记录每个瓶子内水的温度，然后将其中一个瓶子装入透明塑料袋中。再将两个瓶子都放在阳光下。1小时后，再次测量瓶子内水的温度。你注意到发生了什么？这个实验是如何展现温室效应的？

科学揭秘

温室（或本实验中的玻璃容器）内的空气会变得非常温暖。这种结构的玻璃墙让阳光照射进来，使空气、土壤和植物变暖。玻璃能维持这种热量，创造出一个迷你气候。

在过去的几个世纪里，人类活动产生的二氧化碳和甲烷已经在大气中积累起来。在高浓度下，这些气体就像温室玻璃一样，不断吸收来自太阳的热量。

这样导致的结果是地球变暖了，这意味着全球空气和海洋温度的上升，极地冰层会融化，海平面会上升，从而引发更强大的天气系统出现，以及某些生态系统的崩溃。

T恤手提袋

实验工具和材料

- ⊙ T恤
- ⊙ 裁布剪刀
- ⊙ 结实的麻线、细绳或纱线
- ⊙ 大且安全的别针
- ⊙ 用于布料的记号笔或颜料（可选）
- ⊙ 1块厚纸板（如果使用标记笔或颜料的话）

安全提示与注意事项

- ⊙ 可以直接使用带商标或你喜欢的图案的T恤，而不需在空白衣服上装饰。
- ⊙ 本实验需要使用剪裁布料的专用剪刀，请找成人帮忙裁剪。
- ⊙ 将T恤材料的剪边拉向侧面时，它会向内卷曲，让做成的包看起来更干净。
- ⊙ 在T恤的两层之间放一块厚纸板，以防止颜料或记号笔渗透到另一侧的布料上。

将旧T恤改造成可重复使用的手提袋。

实验用时：45分钟

图5：随身携带自制手提袋，不要再使用塑料袋了！

实验步骤

1. 将T恤平放，用剪刀剪掉袖子。在袖子连接到大身的接缝处可以多剪2.5~5厘米。此处便是袋子的拎带外缘，确保它足够大以适合你的肩膀。

2. 从领口外7.5厘米处剪出一个圆形切口，作为袋子拎带的内侧和袋子顶部的边缘。（图1）

3. 如果想要装饰包，将剪裁好的T恤拉到纸板上。使用布料记号笔或颜料来装饰包的外表面。待一侧完全干燥后再画另一侧。（图2）

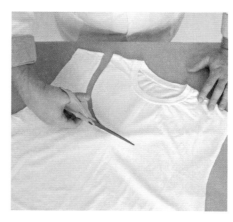

图1：剪掉T恤领口，让T恤看起来更像一件背心。

图2：在一层T恤布料下放一块厚纸板，装饰 T恤的表面。

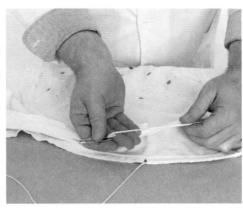

图3：将安全别针绕在T恤下摆的内侧，用它 拉紧绳子以制成束带。

图4：收拢底部并打结。

4. 在T恤的下摆剪两条狭缝：一条在正 面居中，一条在背面居中。

5. 在安全别针的末端系上一段绳子或 纱线，然后将其插入布料下摆的其 中一条狭缝中。用你的手指和别针将 绳子穿过下摆，绕到另一条狭缝中。 （图3）

6. 拉紧绳子以收拢下摆，收紧至袋子 原底部的一半。

7. 对下摆的另一侧重复步骤5和6。给 所有绳子的末端打一个牢固的结， 完全封住袋子底部的开口，修剪绳 子末端。（图4）

8. 带着你的包去海滩，装上毛巾、防 晒霜和一本好书，或者去杂货店装 点好吃的！（图5）

 奇思妙想：更进一步

■ 你可以将其他哪些衣服"升级"（当 然首先要获得许可！）改造成新的 有用的东西？

■ 不用在商店为你的下一个万圣节或 主题派对购买新服装了，你可以使 用已有的材料来做点什么。

 科学揭秘

让地球受益的最佳方式之一是 确保至少50%的衣服来自二手货源， 例如旧货店、古董店和寄售店。

全球性、季节性的"快时尚" 行业对环境造成了巨大压力，通过 制造和染色织物污染了数百万千万 公升的水，并通过在世界各地不断 运输材料、货物和废料增加了碳 排放。

二手时尚使成吨的衣服远离垃 圾填埋场，这些衣服原本需要数百 年才能分解，同时会将重金属释放 到土壤中，将甲烷释放到空气中。

制造再生纸

使用搅拌机、报纸和水，用回收材料制造你自己的纸张。

实验用时：1天

图6： 像使用任何其他纸张一样来使用再生纸。

实验工具和材料

- 旧相框（尺寸为13厘米 × 18厘米或20厘米 × 25厘米）
- 1张筛网
- 大剪刀
- 热熔胶枪和热熔胶棒
- 大容器或厨房水槽
- 水
- 4张整版报纸
- 搅拌机
- 大量杯
- 透明胶水
- 量匙
- 搅拌匙
- 美工刀

安全提示与注意事项

- 本实验会使用到多种工具和设备，需要成人提供协助、在旁监护。
- 务必使用没有任何涂层或光面的纸张。报纸和用过的笔记本纸或打印纸都可以，不要使用杂志页。
- 可以在弯曲成矩形的金属衣架上套连裤袜，制成造纸工具，来替代本实验中由相框和筛网制成的造纸工具。

图1：使用旧相框和一张筛网制作造纸工具。　图2：将混合的纸浆加入容器或水槽中。　图3：从水、纸和胶水的混合物中慢慢地提起造纸工具。

实验步骤

1. 如果相框上有玻璃和背衬，将它们取下放在一边。使用大剪刀，按照相框的内里尺寸修剪一张筛网。用热熔胶将两者固定在一起。（图1）

2. 用至少10厘米深的水填充容器或水槽。将纸张撕成边长5厘米的正方形。

3. 请成人帮忙将4杯（约950毫升）水与一半已撕碎的纸混合。如果有需要，可以添加一些水，直到所有纸张完全分解。用剩下的一半已撕碎的纸再做一次。

4. 将两批纸浆倒入容器或水槽中，再加入4汤匙（约60毫升）透明胶水，充分搅拌，直至胶水完全溶解。（图2）

5. 将造纸工具舀到容器或水槽的底部，然后非常缓慢地将其从纸浆中提起，边提边数到20。（图3）

（接下页）

 奇思妙想：更进一步

- 将其他的回收材料添加到你的浆料中，例如小块织物碎片、线头，甚至干燥的棉绒。可以使用天然染料（如姜黄或紫甘蓝汁）为纸张着色。

- 当纸浆在造纸工具（网框）上仍然是湿的时候，将干燥的花瓣和种子加入其中。如果将这种干纸埋在一层薄薄的土壤下，纸张中带着的种子就会发芽生长。

图4：让网框上的水尽可能多地排出。

图5：在将再生纸从网框上剥离之前，确保它已经完全干燥。

科学揭秘

6. 维持将造纸工具从纸浆中提起的动作约1分钟，以便排掉水分。（图4）

7. 再静置此框一两天，等待框上的纸张晾干。就像在实验16（第52页）中做的一样，可以使用电风扇或吹风机缩短干燥过程。

8. 待纸张完全干燥后，小心地将它从网框上剥离。如有必要，可以使用美工刀小心地切割边缘以取出纸张。（图5）

9. 用这些再生纸给朋友写信或制作工艺品。将它折叠成一张卡片或制作成一本小书。（图6）

在现实世界中，回收的纸张被收集、分类和切碎。通过添加水和化学物质将纤维分解成燕麦状浆液，这称为纸浆，通过筛网、旋转器和浮选罐去除杂质。纤维被漂白，然后再通过振动机器和滚筒去除多余水分，纸浆被压成大而平坦的纸张，最后裹在卷筒上用于切割和包装。

回收纸张可以节省树木、石油、垃圾填埋场空间、能源和水。而且，未被砍伐的树木会持续不断地吸收二氧化碳。回收纸张的唯一限制是纸纤维在每次加工时都会缩短，因此只能回收5~7次，最后可以将它们用于堆肥。

行动起来，做堆肥

利用堆肥来减少你产生的废物量，制造出有用的土壤。

实验用时：至少1个月

图6： 当堆肥呈现棕色、易碎并闻起来像泥土一样时，就可以使用了。

实验工具和材料

- 容量为2升的塑料瓶
- 美工刀
- 纸胶带
- 土壤
- 水
- 喷雾瓶
- 水果或蔬菜的残渣
- 颗粒状的花园肥料
- 量匙
- 干树叶或其他的植物材料
- 其他可堆肥的材料
- 温度计

安全提示与注意事项

- 堆肥需要时间，可能至少要1个月才能获得最终的实验结果。耐心是本实验的关键。
- 除了已列出的工具和材料，可堆肥材料还包括来自花园的植物残骸和家庭垃圾，例如碎报纸、茶包、咖啡渣和蛋壳。
- 不要在堆肥中使用肉类、脂肪、乳制品或来自宠物（动物）的废物。

（接下页）

图1：切开瓶子的上部，为瓶子做一个翻盖。　　图2：潮湿的土壤可以将微生物引入堆肥容器。　　图3：将废料和其他材料分层放入瓶子。

实验步骤

1. 冲洗瓶子，取下标签，然后拧紧瓶盖。用美工刀（在成人的帮助下）在瓶子的上部位置（大约在瓶口下方四分之一处）进行切割，不要切断，在瓶子上做出一个翻盖。（图1）

2. 在瓶子底部放一层土，如果土比较干燥，用喷雾瓶中的水加以润湿。（图2）

3. 再在土上添加一层薄薄的水果或蔬菜的残渣、一层薄土、一层肥料（约15克）和一层干树叶。继续添加可堆肥材料层，直到瓶子几乎被装满。（图3）

4. 把瓶子的翻盖翻下来，用胶带绕几圈固定。把瓶子放在阳光充足的地方。（图4）

5. 每天滚动瓶子以混合瓶内的物质。如果水分在瓶子里凝结，定期拧开瓶盖，让它稍微变干。如果瓶内的物质看起来太干，用喷雾瓶向内喷一两次水。随着时间的流逝，你注意到了什么变化？你的堆肥发出了怎样的气味？（图5）

6. 大约1周后，使用温度计测量堆肥容器中物质的温度。它与空气温度相比，有何差异？堆肥是如何产生热量的？

7. 堆肥大约需要1个月的时间才能变得易碎且完全变成棕色，这时就可以用于种植了。堆肥是如何影响种植于其中的植物生长的呢？（图6）

图4： 用胶带封住瓶子和翻盖。

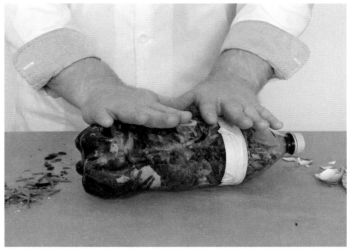

图5： 通过滚动瓶子混合瓶中物质，加快堆肥的速度。

奇思妙想： 蚯蚓堆肥迷你实验

■ 用一个深60厘米的方形塑料箱当作"蚯蚓农场"，在箱子的顶部、侧面和底部戳几个小孔。在箱内添加撕碎的报纸条，堆到15厘米厚，作为基底，用水喷洒直至饱和，然后再添加一层薄薄的土壤。加入约450克蚯蚓。

■ 将水果和蔬菜的残渣和其他可堆肥材料放入箱中，用它们来喂养蚯蚓。避免放入来自其他动物的产物和柑橘。开始时，每周放两次，每次放两把残羹剩饭，然后根据需要减少或增加放入的食物量。

科学揭秘

　　在堆肥过程中，土壤中的微生物会吃掉有机废物并将其分解成最简单的部分。这个过程需要氧气（当你滚动容器时，就会混入氧气的空气）并会产生热量。

　　垃圾填埋场中的有机材料会产生甲烷气体。当有足够多的厨余食物垃圾和其他材料堆肥时，我们会使用更少的垃圾填埋场空间并大大减少甲烷排放。在农业中，堆肥非常有益，它消除了对合成化学肥料的需求，提高农作物的产量。

干旱和洪水的影响

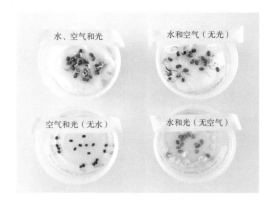

图5：1周后，4个容器里的种子都发芽了。

在不同条件下让绿豆种子发芽，以此展示气候变化对粮食种植的影响。

实验用时：7~10天

实验工具和材料

- ◯ 80颗绿豆种子
- ◯ 4个中号塑料容器
- ◯ 纸巾
- ◯ 保鲜膜
- ◯ 大头针或缝纫针
- ◯ 铝箔纸
- ◯ 水
- ◯ 喷雾瓶
- ◯ 纸胶带
- ◯ 记号笔

安全提示与注意事项

- ◯ 如果找不到绿豆种子，可以用豌豆、其他豆类等种子代替，只要它们能快速发芽即可。
- ◯ 最适宜使用的塑料容器是容量为500毫升左右的熟食容器或大号酸奶杯。

实验步骤

1. 将所有绿豆种子浸泡在水中若干小时，加速种子发芽。

2. 将20颗种子单独放入一个容器中。用记号笔和一条纸胶带制作标签，写明正在测试哪些元素。在这种情况下，标签应为"空气和光（无水）"。（图1）

3. 在第二个容器里同样放入20粒种子，然后加水，直到种子完全没入水中。将此容器标记为"水和光（无空气）"。（图2）

图1：1号容器里只有种子。

图2：2号容器里是浸在水中的种子。　图3：3号容器里的种子放置在湿纸巾上，再　图4：4号容器用铝箔包裹起来。
　　　　　　　　　　　　　　　　　用戳了孔的保鲜膜覆盖。

4. 布置第三个容器，里面有湿纸巾制成的潮湿、平坦的表面。将20颗种子放在纸巾上，再用保鲜膜包住容器加以密封，然后用大头针在顶部保鲜膜上戳几个小孔。给这个容器贴上"水、空气和光"的标签。（图3）

5. 用与步骤4相同的方法布置第四个容器，但不使用保鲜膜，将整个容器用铝箔包裹以防止光线进入。在顶部的一侧留一个开口，让空气进入，但仍然避免光线进入。将此容器标记为"水和空气（无光）"。（图4）

6. 将所有容器放在明亮、温暖的地方，每天检查它们，确保里面的环境始终保持湿润。对于没在水中的种子，每天为其换水以防止滋生其他生物。

7. 7~10天后，检查每个容器里的绿豆种子。绿豆发出的芽是白色的，可能长有叶子。看一看，哪些条件让种子生长得最好。（图5）

 奇思妙想：更进一步

■ 寒冷或炎热的温度是如何影响种子发芽和生长的？如果种子被割破或刺破（如因为害虫而受损），要如何处理？

■ 可以用灯泡代替阳光来让种子发芽吗？不同波长的光会如何影响种子？

 科学揭秘

　　由于天气原因，一个地区的水量可能会减少，但也可能是出于人类过度消耗、水坝等工程或水污染的原因。干旱在很多方面影响着我们的生活，因为水是人类活动的重要组成部分，我们需要水来生存、生长、加工和准备我们的食物。

　　水不够是一件坏事，但水太多也是一件坏事。经常被水淹没的种子不能很好地发芽。洪水还会冲走表土，使种子无法扎根。虽然有空气和水且没有光的容器在发芽方面的效果最好，但植物最终需要所有元素才能继续生长。

实验51

融化的冰冠

实验工具和材料

- ⊙ 2个碗（直径约15~18厘米）
- ⊙ 水
- ⊙ 蓝色食用色素
- ⊙ 冰箱
- ⊙ 大而浅的容器（如金属托盘或塑料箱）
- ⊙ 小石子
- ⊙ 玩具动物、建筑物和人偶，贝壳
- ⊙ 尺子
- ⊙ 计时器

安全提示与注意事项

- ⊙ 将水冷冻用来制作冰冠，这一步需要成人的帮助。
- ⊙ 处理食用色素和冰块时，请戴上防护手套，以免弄脏手。

制作你自己的冰冠，用它模拟当冰冠融化时海平面会如何上升。

实验用时：1天

图5：随着冰融化，容器内水位上升，水从"陆地"流向"海洋"。

实验步骤

1. 将两个碗都装满水，并在每个碗中加入5滴食用色素，将水染成蓝色。把碗放入冰箱，直到水变成冰。（图1）

2. 在低浅的容器中，将小石子分成两大堆，用来代表陆地。

3. 向容器中倒水，直至水深1.3~2.5厘米。用尺子测量以获得准确的深度。注意此时"陆地"的水位。（图2）

图1：冻出两个蓝色的冰圆顶。

图2：用成堆的小石子建造"陆地"，向容 图3：将冰冠放在"陆地"上。
器中加水造出"海洋"。

图4：用玩具动物、建筑物和人偶来填充你
的"陆地海岸"。

4. 从碗中取出半球体冰块，平坦的一面向下，放在"陆地"
   上作为冰冠。（图3）

5. 在两块石头陆地的"海岸"上放置玩具和贝壳。（图4）

6. 每隔30分钟~1小时，用尺子测量一次大陆块的水位。随着
   冰继续融化，你观察到了什么？（图5）

7. 冰冠完全融化后，再次测量水位。水的侵袭对玩具和人偶
   有什么影响？

奇思妙想：海冰迷你实验

将容器装满水，将蓝色的冰冠放在水面上，就像漂浮着
的冰山，测量此时水的深度。随着时间的推移，"海冰"开
始融化，容器内的水位是否发生了变化？为什么？融化的
"陆地冰"和融化的"海冰"有什么区别？

科学揭秘

在北极和南极，降雪，融化，然后再次降雪。每一
层新的降水都使积雪变得更加坚硬和压紧。随着时间的推
移，低层变得极为紧凑，进而形成了大量的固体冰——冰
盖、冰川或冰冠。

这些巨大的冰层对全球气候有很大的影响。当它们融
化时，它们所容纳的所有淡水都会返回海洋，这会改变洋
流，影响野生动物的生存条件，并提高全球的海平面。更
多的水也意味着从阳光中吸收更多的热量，这些热量通常
会被白冰反射回太空，从而加快冰层的融化过程。

自制风力涡轮机

实验工具和材料

- ⊘ 小型模型马达（6~12伏）
- ⊘ 低电压（2.0~2.2伏）LED灯泡
- ⊘ 4根冰棍棒
- ⊘ 热熔胶枪和热熔胶棒
- ⊘ 小纸杯或塑料杯（容量约90毫升）
- ⊘ 剪刀
- ⊘ 中号纸杯或塑料杯（容量约266毫升）
- ⊘ 锥子或小钻
- ⊘ 强力风扇或吹风机

安全提示与注意事项

- ⊘ 在本实验中会用到一些简单的电气部件，需要成人提供帮助。
- ⊘ 让成人帮忙钻冰棍棒风车中心的孔。

在自制的风车上安装一个小型模型马达和一个LED灯泡，用这个简单装置来了解风能。

实验用时：1小时

图6：吹风使风车旋转，继而产生电能点亮LED灯泡。

实验步骤

1. 将小纸杯的侧面剪成四个相等的部分，然后剪掉底部，这是涡轮机的弯曲叶片。（图1）

2. 使用热熔胶将两根交叉的冰棍棒粘在一起固定。等待胶水凝固。让成人帮忙用锥子或钻头在交叉点的中心钻一个与模型马达的轴的直径相同的小孔。（图2）

3. 使用热熔胶将叶片的边缘粘到冰棍棒的末端，远离中心位置相等的距离。（图3）

图1：从一个小杯子里剪出四个风车叶片。

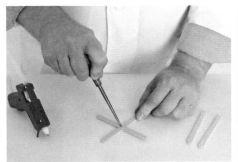
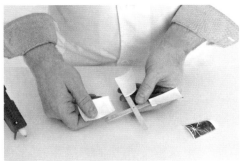
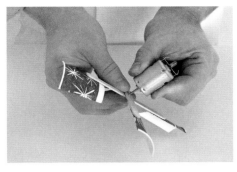

图2： 用热熔胶连接冰棍棒，然后在它们的
　　　交叉处钻一个孔。

图3： 将叶片粘到冰棍棒的末端，做成风车。

图4： 将风车装到马达前部的轴上，将LED
　　　灯泡连接到马达后部上。

4. 将LED灯泡的两条支脚弯曲，连接到
模型马达的背部上，然后将冰棍棒风
车装到马达前部的轴上。（图4）

5. 将剩余的两根冰棍棒用热熔胶粘在
较大杯子的两侧（杯子倒置）。冰
棍棒的另一端粘在马达的两侧（马
达横放）。（图5）

6. 用强力风扇或吹风机吹向你的涡轮
机的叶片，让它转起来。它是否点
亮了LED灯泡？（图6）

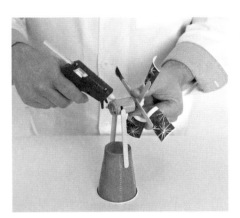

图5： 制作一个支架来放置马达和风车，
确保风车叶片能自由转动。

科学揭秘

风力涡轮机利用风力发电。风
使类似螺旋桨的叶片围绕转轴旋
转，从而使发电机旋转。本实验中
使用的马达实际上并不发电，而是
将机械能转化为电能。

在本实验中，模型马达是被反
向使用的，通过移动而非消耗电力
来发电，即叶片捕获风并带动转
轴，将机械能传递给马达，让它像
发电机那样工作。点亮的LED灯泡
表明有电流正在流动。

提示：

在直流电路中，LED灯泡仅在一个方向上工作。如果灯泡不亮，请尝试调换灯
泡的支脚和引线，或反转风车的方向。

奇思妙想：更进一步

用不同的材料制作一堆带叶片的风车，可以在马达轴上进行替换。在测试每个
风车设计的过程中，你观察到了什么？哪种风车能最大限度地利用风？

网络资源

美国风筝协会
www.kite.org

美国流星协会
www.amsmeteors.org

美国气象学会
www.ametsoc.org

未来星期五
fridaysforfuture.org

美国国家航空航天局
www.nasa.gov

美国宇航局儿童气候版
www.climatekids.nasa.gov

美国国家航空航天局全球气候变化：
地球的生命体征
climate.nasa.gov

美国国家地理学会
www.nationalgeographic.com

美国国家地理儿童版
www.kids.nationalgeographic.com

美国国家飓风中心
www.nhc.noaa.gov

美国国家海洋和大气管理局
www.noaa.gov

美国国家气象局
www.weather.gov

美国相对湿度计算器
www.ringbell.co.uk/info/humid.htm

英国皇家气象学会
www.rmets.org

美国史密森尼国家航空航天博物馆
www.airandspace.si.edu

吉姆叔叔的蚯蚓农场
www.unclejimswormfarm.com

联合国环境规划署
www.unep.org

美国环境保护署
www.epa.gov

致　　谢

没有我亲爱的家人和朋友，这本书是不可能出版的。特别感谢以下人员：

我了不起的爱人约书亚（Joshua）从第一天起就一直是我在这个项目上的激励者和啦啦队长，并以爱心和耐心给予我宝贵的反馈和建议。

出色的肯尼·迪布纳（Kenne Dibner）博士给了我信心，让我相信我可以为孩子们撰写一本科学书，并通过完善的科学研究和惊人的资源为我指明了正确的方向。

无与伦比的玛莎·斯图尔特（Martha Stewart）、她的助手希瑟（Heather），以及我的电视节目手工艺老师姐妹、霍桑娜（Hosanna）、基尔（Kir）和克里斯汀（Kristin），他们的持续支持和鼓励是我能成功成为"费吉教授"不可或缺的一部分。

杰出的摄影师克里斯蒂娜·博恩（Christina Bohn）贡献出她可爱的家，我们在那里进行了一系列天气实验，她的幽默和慷慨令人感动。还有令人惊叹的罗伯·坦南鲍姆，他慷慨地分享了他在片场来拍摄的玛莎·斯图尔特和费吉教授的精彩照片。

乔纳森·辛科斯基（Jonathan Simcosky）、梅雷迪思·奎因（Meredith Quinn）、安妮·瑞（Anne Re）、汉纳·穆沙贝克（Hannah Moushabeck）和奎瑞·布克斯（Quarry Books）的整个团队，他们的指导、耐心、热情和鼓励，使我的学习过程变得如此精彩。

与我同样痴迷于天气的兄弟瑞恩（Ryan），也是我儿时的玩伴，他一直喜欢收看天气频道，并日夜与我一起研究"当地预报"，一起寻找飓风和东北风。

最后是我的父母简（Jane）和老吉姆（Jim Sr.），他们始终了解创造力和学习的价值，很早就给我打下了物理和化学的基础，用爱和支持鼓励我走出去探索世界，告诉我可以成长为任何我想成为的人。

关于作者

吉姆·努南（Jim Noonan）出生于美国弗吉尼亚州的纽波特纽斯，在罗德岛的韦斯特利长大。作为一个久经考验的新英格兰人，他喜欢这个地区的四季，也曾亲眼见证一些世界上最不可思议和最引人注目的天气。他在罗杰斯先生和魏泽德先生的帮助下长大，拥有完善扎实的物理和化学基础，他在很小的时候就对创造力、科学和学习产生了热情。

吉姆毕业于达特茅斯学院，他在那里学习戏剧和医学预科，从耶鲁大学戏剧学院获得了表演艺术硕士学位，并在第三年担任耶鲁大学歌舞剧团的艺术总监。后来，他搬到纽约市从事专业表演，并创办了一家名为"奇妙创作"（Fabulous Productions）的小型表演公司。近十年，他一直在制作和表演原创作品。

在玛莎·斯图尔特秀（The Martha Stewart Show）的艺术部门担任工艺师时，吉姆将他对科学和手工艺的双重热爱带到了与玛莎本人一起演出的节目中，与全球观众分享厨房科学和水晶生长的奇妙。在此过程中，他开发了"费吉教授的神奇科学"系列产品（参见www.professorfiggy.com），这是一套非常受欢迎的兼具科学性和教育性的手工产品，适用于儿童、家庭和教师。

他在纽约为诸如拉尔夫·劳伦家居品牌（Ralph Lauren Home）、玛莎·斯图尔特秀、美国广播公司等客户提供创意服务。在这样工作了超过15年之后，吉姆开始了自己的创意项目业务。最近，他开了一家名为"卑尔根街"的关于生活方式的网店，在那里制作和销售定制的纺织品和复古家居装饰。

吉姆及其爱人住在布鲁克林的弗拉特布什社区。工作之余，他喜欢与朋友和家人一起去纽约州北部的卡茨基尔山脉或世界上的其他地方旅行。冰岛是他最喜欢的国家之一，那里美丽的风景和迷人的地球科学令人惊叹，他迫不及待地想尽快回到那里！

译后记

2022年初，华东师范大学出版社询问我是否可以翻译《给孩子的气象实验室》一书的时候，我毫不犹豫地答应下来，因为与我的日常工作和毕生致力的科普事业息息相关，能够让更多的孩子爱上气象学，这件事本身是非常有意义且很迫切的。

先简单介绍一下我自己，我叫卞赟，在中国气象局从事气象宣传科普工作，至今已经15个冬夏，目前是中国气象局的高级工程师，也是中国科协的气象学顾问。我有一个微博账号——@卡赞，拥有320多万粉丝，承蒙大家的厚爱，这个账号的月阅读量在6000多万，是微博的十大科普大V，每天都有很多新朋友给我留言，讨论各类气象问题。

然而，当看到这本书的原版（*Professor Figgy's Weather and Climate Science Lab for Kids*）时，我才发现自己有些低估了国外优秀科普读物的品质。不论是实验内容的可行性、科学性，还是对于气象术语的表述，抑或是实验中可能出现的各种状况（意外），书中的内容都非常专业且易于理解。尤其要指出的是，对于每一个实验，作者都提出了发散性的思考，不仅表述上诙谐有趣，能启发孩子对于气象学的兴趣，也方便家长对孩子的科学观做出正确的引导。这本书绝对是当下不可多得的跨年龄层的优秀科普读物，读者既可以在闲余时光从中获取知识，也可以将它当作教材，甚至还可以作为工具书，辅佐自己的居家生活。

因此，为了更好地翻译这本书，我耗费了近半年时间，翻阅《大气科学辞典》《气象学》等书籍，请教我的研究生导师智协飞教授（《大气科学学报》执行主编），尽力确保译文精准，避免科学性错误，同时还要将作者的初衷还原给所有的读者。翻译的过程终归是艰辛的，尽管我在20多年前有在北美学习生活的经历，但时至今日，很多用词和表述都已经悄然发生了变化。特别值得一提的是，原版书的作者不仅是一位气象学家，也是一位教育家，他的语言风格轻松幽默，有不少自己发明的有趣词汇，表达风格偏向口语、俚语，这种风格在电视节目中能收获很好的视听效果。然而，对于翻译而言，尤其是对于长时间生活在中国的我来说，则具有一定的挑战性。此项工作终于在2022年夏天顺利完成，出版社也请了相关资深专家来进行审读校对，所以读者们拿到的这本中文版是经历过详细复杂工作后的译本。

综观当今气象学科普的现状，国内仍有大量公众并不太了解这门"年轻"的高精尖科学，不知道气象学是建立在数学、物理学基础上的一门自然科学，甚至依旧认为天气预报是"夜观星象"和"掐指一算"的古代经验科学，因此这本书对于孩子们的科学启蒙非常有意义。建议孩子们在成年人的保护下进行书中的实验操作，实验前必须仔细阅读书中每个实验的"安全提示与注意事项"，严格遵循实验步骤，开启充满乐趣的气象"魔法"之旅。

最后需要说明的是，我就一些背景知识和翻译过程中的某些内容场景，在相关页面上增加译注，此处不再赘言。译文中的错漏不妥之处，还请读者不吝指正，感谢！

本书译者　卞赟

2022年6月于中国气象局